CRACKS
en
MATHS
1

GUIDE MÉTHODOLOGIQUE

De Boeck

CRACKS
en
MATHS

Cracks en maths 1 Fichier d'apprentissages
Cracks en maths 1 Guide méthodologique
Cracks en maths 1 Banque d'exercices reproductibles

Cracks en maths 1/2 Manuel de fixation

Cracks en maths 2 Fichier d'apprentissages
Cracks en maths 2 Guide méthodologique
Cracks en maths 2 Banque d'exercices reproductibles

Cracks en maths 3 *En préparation*
Cracks en maths 4 *En préparation*
Cracks en maths 5 *En préparation*
Cracks en maths 6 *En préparation*

Auteurs
Sylvie VAN LINT et Nicole HEMMERYCKX, sous la direction de Xavier ROEGIERS et François-Marie GERARD, et avec la collaboration de plusieurs équipes d'enseignants (Collège du Biéreau à Louvain-la-Neuve, École communale de Corroy-le-Grand, École communale de Rixensart, Institut de la Providence à Bruxelles).

Dessinateurs
Isabelle DEMAN (Nombres), Marc BRUYNINX (Opérations), Anne-Catherine VAN SANTEN (Grandeurs) et Sabine DE GREEF (Espace).

Editions De Boeck
Rue des Minimes 39, B-1000 Bruxelles

Printed in Belgium

D 2000/0074/148 ISBN 2-8041-3572-1

Introduction

Comment lire une introduction sans perdre son temps ?
Laissez-vous guider par l'itinéraire proposé en fonction de vos propres connaissances.

Point 1. Le découpage en compétences

Si vous savez qu'une compétence d'intégration, c'est la mobilisation d'un ensemble d'acquis dans une situation significative appartenant à une famille de situations, passez au point 2.

Le découpage de la collection « Cracks en maths » se fait selon une logique de compétences et non pas selon une logique de matière, de contenus.
On ne peut plus parler d'acquisition de contenus à l'école sans évoquer les compétences au sein desquelles ces contenus sont mobilisés. L'important n'est plus seulement de s'interroger sur ce que l'apprenant sait, voire même sur ce qu'il sait faire, mais de se préoccuper aussi et surtout des situations dans lesquelles il va être amené à utiliser son « savoir ».
Il existe plusieurs acceptions complémentaires du concept de compétence. Le document « Socles de compétences »[1] évoque deux grandes catégories de compétences.

1. Les **compétences transversales**, qui sont autant de démarches qui interagissent dans la résolution de problèmes :
- analyser et comprendre un message ;
- résoudre, raisonner et argumenter ;
- appliquer et généraliser ;
- structurer et synthétiser.

Ces compétences sont essentielles. Cette nouvelle collection « Cracks en maths », qui met avant tout l'accent sur la résolution de problèmes, s'appuie continuellement sur ces compétences transversales qui fondent la résolution de problèmes, et donc les apprentissages en mathématiques.

2. Les **compétences disciplinaires**, qui sont autant d'objectifs de contenus à poursuivre. Tout apprentissage mathématique, quel qu'il soit, ne peut pas faire l'économie de ces apprentissages ponctuels. La collection « Cracks en maths » s'appuie également fortement sur eux. Toutefois, pour éviter la confusion des différents niveaux de compétences, nous appellerons ces compétences disciplinaires « Objectifs spécifiques » (cf. ci-dessous).

Pour opérationaliser le lien entre les compétences transversales d'une part, et les compétences disciplinaires d'autre part, nous proposons d'introduire une catégorie intermédiaire de compétences, appelées « **compétences d'intégration** », qui regroupent un certain nombre d'objectifs spécifiques (compétences disciplinaires), que l'élève est invité à mobiliser dans des situations-problèmes. C'est à travers ces compétences d'intégration que l'on peut déterminer dans quelle mesure l'élève est en train d'acquérir les compétences transversales de résolution de problèmes.
À la suite de De Ketele[2], on peut définir la compétence d'intégration comme « un ensemble intégré de capacités (activités) qui s'exercent sur des contenus dans des familles données de situations pour résoudre des problèmes posés par celles-ci ».

---

1 Ministère de la Communauté française, (1999). *Socles de compétences*, Bruxelles : Administration générale de l'Enseignement et de la Recherche scientifique.

2 DE KETELE, J.-M. (1996). L'évaluation des acquis scolaires : quoi ? pourquoi ? pour quoi ?, *Revue Tunisienne des Sciences de l'Éducation*, 23, 17-36.

Parler de compétence d'intégration implique donc de parler :
- d'objectifs spécifiques, c'est-à-dire des activités qui s'exercent sur un contenu ;
- d'intégration de ces objectifs spécifiques ;
- de leur mobilisation en situation.

Exemple :

« *Conduire une voiture en ville* » est une compétence d'intégration.

- Elle est constituée d'objectifs spécifiques aussi diversifiés que (qu') :
  - enfoncer (activité) la pédale d'embrayage (contenu),
  - reconnaître (activité) les panneaux de signalisation (contenu),
  - être attentif (activité) aux piétons (contenus) et aux autres véhicules (contenus),
  - contrôler (activité) sa vitesse (contenu), etc.
- Ces objectifs spécifiques sont intégrés : les apprendre séparément ne donne aucune garantie que l'on soit compétent pour conduire une voiture en ville.
- Ils sont mobilisés en situation, ici dans des parcours chaque fois différents, avec telle densité de circulation, telle condition climatique, à tel moment de la journée, etc.

Il est important de parler de « famille de situations », et non de situation unique : on montre que l'on est compétent lorsque l'on peut affronter une situation nouvelle, équivalente aux situations rencontrées précédemment, c'est-à-dire d'un niveau de difficulté comparable à celles-ci. Si la situation n'était pas nouvelle, ce serait de la reproduction pure et simple.

Le concept de compétence d'intégration franchit un pas important par rapport au concept d'objectif. La compétence d'intégration est un concept intégrateur, en ce sens qu'elle prend en compte à la fois les contenus, les activités à exercer et les situations dans lesquelles s'exercent les activités.

Amener l'élève à devenir compétent signifie l'amener à pouvoir mobiliser cet ensemble de ressources, mais pas n'importe comment. Il s'agit de l'amener à mobiliser ses acquis dans une situation significative, c'est-à-dire une situation qui a du sens pour lui.

La compétence (d'intégration) est donc finalisée : elle a une fonction sociale, une utilité sociale, l'expression « fonction sociale » étant prise dans le sens large du terme, dans le sens de « porteur de sens » pour l'élève. Les ressources diverses sont mobilisées par l'élève en vue d'une production, d'une action, de la résolution d'un problème qui se pose dans sa pratique scolaire ou dans sa vie quotidienne, mais qui, en tout état de cause, présente un caractère significatif pour lui (Roegiers, 1999 [3]).

En mathématiques également, il s'agit de rendre l'enfant compétent, mais pas de façon théorique : compétent pour résoudre des situations très concrètes qui mettent en jeu des nombres, des opérations, des pourcentages, des figures géométriques, des grandeurs, etc.

Les apprentissages sont dès lors tous structurés selon différentes compétences d'intégration, qui s'expriment sous la forme « résoudre une situation-problème ». Elles sont regroupées dans 4 domaines d'activités :

- les nombres,
- les opérations,
- les grandeurs,
- l'espace.

La collection vise donc à rendre l'élève :

- compétent pour résoudre des situations-problèmes mettant en œuvre des comparaisons et des compositions de nombres ;
- compétent pour résoudre des situations-problèmes mettant en œuvre les 4 opérations fondamentales ;
- compétent pour résoudre des situations-problèmes mettant en œuvre des grandeurs (longueurs, aires, volumes, prix, durées, masses, capacités,...) ;
- compétent pour résoudre des situations-problèmes mettant en œuvre des figures géométriques.

---

[3] ROEGIERS, X. (1999). Savoirs, capacités et compétences à l'école : une quête de sens. *Forum*, Mars 1999, 24-31.

Comme l'ensemble de l'apprentissage est orienté vers la résolution de problèmes, il n'y a pas de rubrique « problèmes » distincte.
De plus, la collection étant structurée de manière à intégrer progressivement les acquis, il sera proposé à l'élève de résoudre petit à petit des situations-problèmes mettant en œuvre des acquis appartenant à plusieurs domaines.
Par année, une ou deux compétences d'intégration sont exprimées dans chaque domaine d'activités. Chaque compétence d'intégration est scindée en « paliers d'acquisition de la compétence d'intégration ». Ces paliers peuvent répercuter soit des contenus différents, soit des étapes de la compétence d'intégration.

Exemple

La compétence d'intégration « résoudre des situations-problèmes mettant en œuvre des masses en kilogrammes et des capacités en litres » peut être soit décomposée selon une logique de contenus (masses d'une part, capacités d'autre part), soit selon une logique d'étapes de résolution (identification du type de grandeur d'une part, résolution d'autre part).

Mode d'emploi

Table des compétences d'intégration pour la 1re primaire

L'ensemble du programme de 1re primaire a été découpé en compétences d'intégration, c'est-à-dire des compétences qui regroupent un certain nombre d'objectifs spécifiques (compétences disciplinaires), que l'élève est invité à mobiliser dans des situations-problèmes.
Ces compétences d'intégration sont au nombre de 4, une compétence par domaine d'activité.
Ensuite, ces compétences d'intégration ont été divisées en paliers d'acquisition, paliers qui sont cumulatifs.

DOMAINE DES NOMBRES **(N)**

Compétence d'intégration

Résoudre des situations-problèmes mettant en œuvre des comparaisons et des compositions de nombres et de prix de 0 à 20.

Paliers de la compétence

Palier 1 : nombres de 0 à 5 **(N1)**
Palier 2 : nombres de 0 à 9 **(N2)**
Palier 3 : nombres de 0 à 20 **(N3)**

DOMAINE DES OPÉRATIONS **(O)**

Compétence d'intégration

Résoudre des situations-problèmes mettant en œuvre les 4 opérations fondamentales sur des nombres de 0 à 20.

Paliers de la compétence

Palier 1 : addition **(O1)**
Palier 2 : addition et soustraction **(O2)**
Palier 3 : addition, soustraction et multiplication **(O3)**
Palier 4 : addition, soustraction, multiplication et division **(O4)**

DOMAINE DES GRANDEURS **(G)**

Compétence d'intégration

Résoudre des situations-problèmes mettant en œuvre des unités de mesure de grandeurs : masse, capacité, longueur, et durée.

Paliers de la compétence

Palier 1 : mesures de durée **(G1)**
Palier 2 : mesures de durée et de longueur **(G2)**
Palier 3 : mesures de durée, de longueur et de masse **(G3)**
Palier 4 : mesures de durée, de longueur, de masse et de capacité **(G4)**

DOMAINE DE L'ESPACE **(E)**

Compétence d'intégration

Résoudre des situations-problèmes mettant en œuvre une localisation dans l'espace.

Paliers de la compétence

Palier 1 : l'espace qui m'entoure **(E1)**
Palier 2 : les objets à 3 dimensions **(E2)**
Palier 3 : les objets à 2 dimensions **(E3)**

Une **liste complète** des compétences, des paliers et des objectifs spécifiques est proposée juste après cette introduction.

Le fait que les compétences sont regroupées en quatre domaines d'activités ne signifie pas que les apprentissages doivent être cloisonnés et consécutifs les uns aux autres, bien au contraire : on peut très bien viser deux ou plusieurs compétences en même temps et donc proposer aux enfants des situations-problèmes relevant de différents domaines à la suite les unes des autres (une situation du domaine des nombres suivie d'une situation du domaine des opérations, par exemple).
Nous encourageons d'ailleurs les enseignants à varier les domaines au cours de la semaine, du mois afin de tenir compte de la vie de la classe, de ses besoins, de ses préoccupations, et de leur donner tout leur sens.

Point 2. La conception des apprentissages

Si vous savez que faire des mathématiques, c'est résoudre des problèmes, et si vous savez ce que cela implique pour l'enfant, passez au point 3.

Etre compétent dans un domaine donné, c'est donc être à même de résoudre les situations-problèmes auxquelles on est confronté dans ce domaine particulier. C'est ce que le document « Socles de compétences » nous rappelle de façon forte à travers les compétences transversales que nous avons évoquées ci-dessus.
Dans la plupart des disciplines, il est nécessaire, pour faire face aux exigences de la discipline, d'articuler cette compétence fondamentale « résoudre des situations-problèmes » autour de plusieurs domaines d'activités. En langues par exemple, certaines compétences d'intégration s'articulent autour du « savoir-parler » (comme la compétence de demander un renseignement pratique) et d'autres autour du « savoir-écrire » (comme la compétence de rédiger une lettre en réponse à une lettre donnée). En mathématiques, il s'agit essentiellement de développer la compétence fondamentale : **celle de pouvoir résoudre une situation-problème** qui est à sa portée et qui met en jeu, partiellement ou exclusivement, des notions mathématiques.

Il n'est dès lors pas étonnant que la collection « Cracks en maths » soit construite sur l'apprentissage à résoudre des situations-problèmes. Elle met par là en œuvre le principe selon lequel, **apprendre les mathématiques, c'est avant tout apprendre à résoudre des situations-problèmes**. Les outils mathématiques, les techniques de calcul, les formules, les règles de calcul sont des instruments importants qui constituent un appui pour résoudre les problèmes, mais il n'en reste pas moins que faire des mathématiques, c'est résoudre des problèmes, c'est-à-dire acquérir les compétences transversales de résolution de problèmes : apprendre à interpréter correctement un énoncé de problème (analyser et comprendre un message), apprendre à identifier les outils mathématiques qui sont nécessaires à sa résolution, apprendre à utiliser ces outils mathématiques en situation (résoudre, raisonner et argumenter), apprendre à construire une ou plusieurs solutions, et à mettre celles-ci en forme (structurer et synthétiser).

Notre conception de l'apprentissage des mathématiques est donc celle d'une confrontation constante de l'enfant à des situations-problèmes. Dans cette optique, l'élève va être continuellement appelé à résoudre des situations-problèmes, en petits groupes bien sûr, mais surtout individuellement, car, même s'il est important que les élèves puissent se reposer l'un sur l'autre pendant l'apprentissage, la compétence à résoudre des problèmes en mathématiques s'acquiert individuellement avant tout. Ces phases de résolution de situations-problèmes sont complétées par des phases d'apprentissages de techniques, ainsi que d'exercices plus systématiques.

En termes de finalités, cette optique place résolument l'enfant dans la voie de l'éveil à l'*esprit de recherche* et de développement de l'*autonomie* par rapport à ses connaissances.

Point 3. Les outils pour l'enseignant et pour l'élève

Si vous savez à quoi servent le fichier de l'enfant, le guide méthodologique, la banque d'exercices, et le manuel de fixation, passez au point 4.

Pour développer ces compétences, la collection comprend quatre outils principaux.

(1) Un fichier d'apprentissages

Il est tout d'abord prévu **un fichier d'apprentissages pour l'enfant**. Ce fichier propose un ensemble structuré de situations-problèmes, ainsi que quelques premiers exercices à réaliser à la suite des situations-problèmes, en guise de fixation.
C'est, de très loin, l'outil principal de la collection.
Les situations-problèmes sont proposées dans un classeur pour deux raisons. Tout d'abord, pour que, selon la vie de la classe et la progression du groupe, les situations-problèmes puissent être abordées et exploitées dans un ordre que l'enseignant juge le plus souhaitable. Ensuite, pour que l'enfant puisse venir insérer à l'endroit correspondant à la situation-problème les exercices complémentaires qu'il aurait réalisés (voir ci-dessous), les situations-problèmes que la classe a rencontrées.

(2) Un guide méthodologique pour l'enseignant

Il existe également **un guide méthodologique** pour l'enseignant. Ce guide comprend essentiellement des pistes d'animation et d'exploitation des situations-problèmes, ainsi qu'une explication succincte des principaux contenus et de la progression méthodologique proposée. C'est cet ouvrage que vous êtes en train de lire…

(3) Une banque d'exercices reproductibles

Pour la phase d'exercice et d'application, la collection propose **une banque d'exercices** de tous types. Le choix d'une banque d'exercices classés en fonction de critères très précis répond à la

motivation suivante : il nous semble que, l'enseignant étant le professionnel le plus proche des enfants, il est le mieux placé pour choisir adéquatement les exercices et applications dont l'enfant aura besoin pour faciliter son apprentissage. En tout état de cause, **il ne s'agit jamais de réaliser tous les exercices proposés**, mais de réaliser un choix le plus pertinent en fonction du niveau de chaque élève, des difficultés rencontrées par la classe, etc.
Cette banque d'exercices se présente sous forme de documents reproductibles en vue d'une grande souplesse d'utilisation.

Structuration de cette banque d'exercices :

A. Des **exercices** portant directement sur la **matière (A).**

B. Une **boîte à outils (B)** qui présente des exercices permettant d'acquérir et d'exercer des techniques et instruments mathématiques tels que l'apprentissage du tracé des chiffres, la lecture de l'heure, ... Les enseignants introduisent ces techniques au moment qui leur paraîtra le plus opportun.

C. Des **exercices** portant davantage **sur la méthode de résolution** des situations-problèmes **(C)** :
- des exercices qui aident l'enfant à apprendre à interpréter un problème **(C1)** ;
- des exercices qui aident l'enfant à réfléchir sur le type de réponse attendue **(C3)** ;
- des exercices qui développent la précision **(C4)**.

D. Des **situations-problèmes** du fichier d'apprentissages à reproduire en noir et blanc pour des manipulations en classe.

E. Des exercices **d'évaluation** davantage orientés vers la maîtrise des **matières (E).**

(4) Un manuel de fixation des principaux contenus

Pour le côté systématisation de notions mathématiques, c'est-à-dire les moments de développement conceptuel (notionnel), il existe également un **manuel de fixation**, faisant office de référentiel des principaux contenus qui ont été abordés.
Il est conçu pour un cycle d'apprentissage, soit pour deux ans. Il veut être une référence pour l'enfant, un aide-mémoire, une source d'informations exactes : pour chaque palier d'acquisition de la compétence d'intégration de chaque domaine d'activité, une synthèse théorique a été prévue et illustrée.
Ce manuel de fixation n'est pourtant pas un outil figé : en effet, il doit être complété par les exemples, les observations concrètes de la classe et ainsi se construire progressivement. À cet effet, le manuel de fixation est présenté de manière à ce que l'enfant puisse venir ajouter ses remarques en face de chaque point théorique puisque les pages ne sont imprimées que sur les deux tiers, verticalement.

Point 4. Les apprentissages par situations-problèmes

Si vous savez comment on mène des apprentissages par situations-problèmes, passez au point 5.

Les apprentissages par situations-problèmes concernent essentiellement **le contenu du fichier d'apprentissages de l'enfant et celui du guide méthodologique de l'enseignant**.

L'essentiel des apprentissages consiste en un ensemble de situations-problèmes que les enfants devront chercher à résoudre. Il nous semble important de préciser qu'une situation-problème n'est pas un exercice : dans un exercice, on utilise quelque chose que l'on a appris, que l'on sait, tandis que dans un problème, on est amené à chercher et puis à découvrir de nouvelles choses. Il est donc normal de se tromper, de faire des erreurs.

Pour résoudre les situations-problèmes, les enfants peuvent travailler en petites équipes, poser des questions à un camarade ou au professeur, utiliser du matériel mais il convient de garder à l'esprit que la compétence s'acquiert individuellement avant tout. Au dos de chaque situation-problème, on trouve quelques exercices se rapportant directement à l'apprentissage réalisé.

Les situations-problèmes appartiennent à 5 catégories :

1. **STRUCTURER**, c'est-à-dire comparer, ordonner, classer, sérier, estimer, compter, puis reconnaître, identifier, nommer, repérer, mesurer ;

2. **REPRESENTER**, c'est-à-dire symboliser, écrire, dessiner, illustrer, transcrire en langage mathématique, tracer, lire ;

3. **METTRE EN ŒUVRE**, c'est-à-dire opérer, effectuer, composer, décomposer, transformer, construire, additionner, soustraire, multiplier, diviser, appliquer, sélectionner l'opération.

Les situations-problèmes de ces trois premières catégories sont indépendantes les unes des autres et ne demandent pas d'être obligatoirement traitées dans l'ordre présenté.

4. **INTÉGRER, FAIRE LE POINT**, c'est-à-dire mobiliser les différents acquis à travers une situation d'intégration. Cette nouvelle situation-problème guide l'enfant vers des pistes d'intégration lui permettant de prendre du recul par rapport aux différents apprentissages explorés, raconter et mobiliser ce qu'il a compris. Il est important d'encourager les enfants à exprimer leur vécu afin qu'ils en prennent conscience. Cette prise de conscience favorisera le transfert de leurs découvertes dans de nouvelles situations.
Afin d'aider l'enfant dans cette étape-clé de son apprentissage, nous proposons le manuel de fixation qui présente, selon la même structure, les principaux contenus abordés par les situations-problèmes d'exploration. Ce manuel devra être complété par l'enfant en vue d'une appropriation personnelle des concepts.

5. **ÉVALUER,** c'est-à-dire vérifier la maîtrise de la compétence par l'élève. Au terme de chaque compétence, le classeur de l'enfant propose une situation d'évaluation, qui suit chaque fois la situation-problème « intégrer, faire le point » (voir ci-dessus). Cette situation sera exploitée d'une manière un peu différente des autres puisque, après avoir résolu les situations-problèmes pour s'exercer et avoir pris connaissance de la mise en situation illustrée, l'enfant sera amené à répondre à une série de 10 questions orales. Ces dix questions ont été élaborées en fonction de 5 critères précis permettant de s'assurer de la maîtrise de la compétence d'intégration évaluée. Nous proposons cette évaluation formative dans le processus-même d'apprentissage et non en fin d'apprentissage. Elle permettra à l'enseignant d'obtenir des informations et d'orienter la suite de l'apprentissage, surtout les exercices de systématisation en fonction des besoins spécifiques de chaque enfant.
Cette évaluation sera à réaliser individuellement et sans aide.
Les principes qui orientent cette évaluation de la maîtrise de la compétence sont développés au point 6.

Dans le livre de l'enseignant, ces différents types de situations-problèmes sont repérés par le schéma suivant :

Structuration	Représentation	Mise en œuvre	Intégration	Évaluation

De façon plus précise encore, chaque palier d'acquisition est exploré par un ensemble de 7 situations-problèmes, correspondant chaque fois à un « scénario ». Un scénario est une mise en situation concrète tirée de l'environnement des enfants les incitant à différentes activités par le biais desquelles ils expérimentent différentes notions mathématiques.
Ces 7 situations-problèmes sont structurées selon une progression :
- 1 ou 2 situations de **structuration** de la notion : comparer, classer, sérier...
- 1 ou 2 situations de **représentation** : écrire, lire, dessiner, traduire en équation ...
- 1 ou 2 situations de **mise en œuvre** : opérer, effectuer, composer...
- 1 situation d'**intégration** : faire des liens, mettre en relation...

Le palier d'acquisition de la compétence d'intégration se termine par une évaluation formative de l'acquis sous la forme d'une septième situation-problème à résoudre. L'élève est alors orienté vers des exercices en fonction de son acquis mis en évidence grâce à l'évaluation.
Cette approche permet de couvrir l'ensemble des objectifs spécifiques (compétences disciplinaires) décrits par les programmes.

Si cette présentation est respectée rigoureusement pour les domaines « nombres » et « opérations », il en va différemment pour les domaines « **géométrie** » et « **grandeurs** », pour lesquels seules les situations de structuration, de représentation, de mise en œuvre et d'intégration sont présentes. En effet, en première année, on ne vise qu'une initiation dans ces domaines. Il n'y a donc pas lieu de fixer les acquis des élèves, ni de les évaluer.
C'est la raison pour laquelle, dans ces deux domaines, ne figurent ni exercices ni situations-problèmes d'évaluation dans le classeur de l'élève.

Mode d'emploi

Exploitation des situations-problèmes

1. Présentation des situations-problèmes

Chaque situation-problème est accompagnée d'une fiche explicative pour l'enseignant qui lui propose des pistes d'animation et une explication succincte du contenu mathématique de la situation.
Nous avons essayé de mettre en scène chaque situation-problème afin de proposer aux enseignants un déroulement-type. Cependant, il est totalement impossible de tout prévoir : dans ce type de fonctionnement, les enfants découvrent, agissent, se posent des questions, ... Ils sont réellement acteurs de leur apprentissage. Le rôle de l'enseignant est d'accompagner, de relancer la recherche lorsque celle-ci piétine, d'encourager celui qui perd courage, de re-centrer les débats. JAMAIS il ne s'agira de donner des réponses, des solutions. Si aucune solution n'apparaît à la fin d'une séquence de recherche, on la reprendra plus tard.
Voici en quelques mots la raison d'être des principales étapes du déroulement prévu.

DESCRIPTION

Il s'agit de la description de la situation qui a sous-tendu son illustration. Elle sert de guide d'interprétation à l'usage de l'enseignant. Les enfants interpréteront peut-être différemment les illustrations. Il conviendra que l'enseignant veille à ce que l'interprétation personnelle de l'illustration n'entrave pas la compréhension de la situation-problème ou sa résolution.

CARACTÉRISTIQUES DE LA SITUATION

Ce paragraphe permet de situer la mise en situation dans son contexte mathématique. La spécificité du problème est précisée et les difficultés qu'il risque d'engendrer sont indiquées.
À travers le logo 📖, il renvoie également à l'ouvrage suivant :

ROEGIERS, X. (2000). **Les mathématiques à l'école primaire**. Louvain-la-Neuve, De Boeck, Tomes 1 et 2.

OBJECTIFS SPÉCIFIQUES

Cette rubrique détaille les objectifs spécifiques abordés par la résolution de la situation-problème.

MATÉRIEL À PRÉVOIR

Nous tentons de valoriser le recours au matériel concret afin de trouver ou vérifier une solution. Ce recours est une stratégie en soi. De plus, la manipulation est un réel besoin de l'enfant de cet âge pour l'aider dans sa réflexion.
Nous précisons donc le matériel qu'il convient de mettre à disposition des enfants en vue de la résolution de la situation-problème. Il est évident qu'il s'agit de rester à l'écoute des demandes de matériel des enfants.

DÉPASSEMENT

Nous proposons chaque fois une consigne de dépassement pour les enfants ayant résolu rapidement la situation-problème.

PISTE D'INTERDISCIPLINARITÉ

Quand la situation-problème le permet, nous précisons comment poursuivre le thème, l'élargir.

EXERCICES

Au dos de chaque situation-problème, nous présentons 3 exercices immédiats permettant une première application.

2. Déroulement

ÉTAPE DE PRÉPARATION

1. Mise en situation
SANS dévoiler le contenu, SANS montrer l'illustration de la situation-problème, nous conseillons chaque fois de présenter en peu de mots la situation. Néanmoins, il ne faudrait pas que cette étape aille à l'encontre de l'observation, de la compréhension et de la verbalisation d'une situation donnée. Cette étape permettra simplement une introduction, une mise en situation.

2. Faire des liens
Nous proposons d'interroger les enfants quant au vécu qu'ils ont en ce qui concerne le sujet de la mise en situation, toujours sans avoir vu la situation-problème. Il s'agit de mobiliser l'attention des enfants et de rendre autant que faire se peut la situation significative pour eux.
De même, nous explorons par quelques questions le contenu mathématique prérequis à la résolution de la tâche.
Cette précaution rendra la situation plus proche du vécu de l'enfant et elle deviendra ainsi plus motivante pour lui.

3. Formuler des questions
Nous insistons pour qu'à chaque situation-problème, l'enseignant laisse les enfants découvrir et observer l'illustration individuellement selon les principes d'une lecture dynamique.
Nous résumons ces principes comme suit :

A. Exploration visuelle de l'image, du titre. Cette exploration demande une observation attentive, une anticipation, une formulation d'hypothèses.
B. Recherche de sens. Cette recherche s'accompagne d'un prélèvement d'indices pertinents, de comparaisons, de classifications, d'inférences afin de vérifier les hypothèses.
C. Communication des résultats. Celle-ci permettra de justifier(ou non) les hypothèses, les inférences, les anticipations.

L'illustration découverte, nous inviterons l'enseignant à faire formuler des questions. En effet, la seule observation de l'illustration, si elle peut suffire pour des élèves visuels, ne sera pas très éloquente pour des enfants plus auditifs. De même, des enfants plus cognitifs apprécieront aussi d'avoir quelques explications quant au contenu de la recherche.

Poser et se poser des questions par rapport à un problème est à considérer comme un objectif en soi. Petit à petit, les enfants arriveront à poser les questions que la consigne leur propose. C'est une manière de s'approprier la situation.
Néanmoins, l'enseignant devra rester attentif à ce que les enfants plus rapides ne dévoilent pas une démarche de résolution, n'induisent pas de procédés de résolution par leurs questions.

4. Expliquer la consigne
Il est très important que la consigne soit parfaitement comprise de tous. Pour cela, nous suggérons à plusieurs reprises de la faire re-formuler par différents enfants afin de s'assurer de sa compréhension.

ÉTAPE DE RÉALISATION

1. Exploitation individuelle ou en petites équipes
Nous conseillons une exploitation individuelle ou en petites équipes (le plus souvent de deux ou trois élèves) afin de favoriser la recherche de chacun. En effet, si le groupe est plus important, les élèves les plus rapides, les plus habiles auront déjà trouvé la solution lorsque les autres en seront à se formuler des hypothèses.
Ces petites équipes ne seront pas stables afin que les élèves apprennent à coopérer avec tous. Si ces recherches n'étaient pas menées en petits groupes, et se limitaient à des échanges verbaux collectifs, tous les objectifs liés à la méthodologie de résolution de problèmes devraient être considérés comme non atteints.

2. Le climat
Nous insistons également sur la nécessité de créer un climat fait de confiance, de tolérance et de respect de chacun afin que l'enfant puisse se sentir libre de poser toutes ses questions, de formuler toutes les hypothèses, de se tromper sans peur de jugement ou de moquerie.

3. Élaborer une stratégie
À maintes reprises, nous demanderons aux enfants de prendre le temps de se mettre d'accord sur le comment agir, dans quel ordre, d'établir le rôle et la tâche de chacun… Cette faculté de s'organiser face à un problème est très importante et est un pilier du travail d'équipe ; certes l'organisation d'équipe est difficile pour des enfants de cet âge. Néanmoins, nous savons que petit à petit, ils apprendront les principes d'une fructueuse collaboration.

4. Mise en commun
Cette étape est très délicate, car il ne faut pas qu'elle soit vécue comme un tribunal au cours duquel les solutions seront jugées publiquement. Chacun formulera d'abord ce que la consigne demande, ce qu'il cherche, ce qu'il sait déjà. Ensuite, chacun exprimera ses hypothèses et on les comparera.
Une hypothèse n'est jamais fausse ; certaines sont plus pertinentes que d'autres mais parfois, une hypothèse farfelue peut se révéler intéressante.
En grand groupe, ce type de mise en commun peut s'avérer lourd et fastidieux. Il faudra alors user de beaucoup de savoir-faire pour allier l'efficacité méthodologique à la psychologie.

ÉTAPE DE FORMALISATION

1. Actualiser ses découvertes
C'est le moment où l'on prend le temps de s'arrêter et d'exprimer ce que l'on a appris, découvert, tant au niveau des concepts mathématiques que des stratégies de résolution de problèmes ou même de l'attitude à adopter pour trouver des solutions.

2. Étape de synthèse
C'est aussi à cette étape que l'on établira des synthèses sur des concepts découverts, des stratégies de résolution de problèmes.

Point 5. Les exercices et les apprentissages plus techniques

Si vous savez comment on exploite la banque d'exercices pour développer certains apprentissages plus techniques ainsi que les exercices, passez au point 6.

Ces apprentissages concernent essentiellement le contenu de la **banque d'exercices** reproductibles.

5.1. S'entraîner à l'aide des exercices de systématisation (Exercices « matière » A)

La collection « Cracks en maths » propose **une série d'exercices de systématisation**.

D'une part, il existe quelques exercices au dos de la fiche « situation-problème », qui sont conçus dans le prolongement de la situation-problème.

D'autre part, l'enseignant peut aller puiser à sa guise dans les exercices tirés de la banque d'exercices, évoquée au point 3. Ces exercices figurent dans la **partie « A »** de la banque d'exercices.

Mode d'emploi

Exploitation des exercices de systématisation

Les exercices sont classés selon les 4 domaines d'activités (nombres N, opérations O, grandeurs G, espace E). Au sein des domaines d'activités, on retrouve **les différents paliers d'acquisition de la compétence d'intégration** repérés par le palier de chaque compétence (N1, N2, N3,...). Pour chaque palier, les exercices sont regroupés autour de **notions mathématiques précises.**

Il existe des exercices de **deux niveaux de difficulté** : les exercices de base et les exercices de perfectionnement, signalés par un petit hérisson.

On peut faire de ces exercices une double exploitation.
- Une première utilisation de ces exercices peut se faire à la suite de l'exploitation des situations-problèmes. Pour en faciliter l'accès, le guide de l'enseignant en recommande quelques-uns à la suite de chaque situation-problème.
- Une autre exploitation peut être davantage individualisée : en fonction des résultats obtenus à l'évaluation, les enfants peuvent être orientés vers des exercices différents, répondant à leurs besoins spécifiques : certains retravailleront des notions qui ne sont pas totalement acquises, d'autres enrichiront ces notions, iront plus loin.

5.2. Développer des apprentissages « techniques » (Boîte à outils B)

Outre les situations-problèmes qui développent avant tout la recherche par l'enfant, il est nécessaire de systématiser, à certains moments, des apprentissages qui ont un caractère plus technique :
- le tracé des chiffres
- la lecture de l'heure
- les signes >, <, =
- la reconnaissance des schèmes

La boîte à outils, située dans la banque d'exercices (**partie « B »**), veut répondre à ce besoin d'acquérir et d'exercer des instruments que les situations-problèmes ne peuvent offrir.

Mode d'emploi

Exploitation de la boîte à outils

La boîte à outils comprend des outils mathématiques qui ne peuvent pas s'acquérir par le biais de situations-problèmes.
En effet, si certaines de ces techniques peuvent s'exercer par le biais de situations-problèmes d'intégration, aucune situation-problème d'exploration n'en permettra une réelle acquisition.
En première année, la boîte à outils contient :

- l'écriture des chiffres : apprentissage et entraînement ;
- la lecture de l'heure : l'heure juste et l'heure et demie : apprentissage et entraînement ;
- les signes >, < et = : apprentissage et entraînement ;
- vers une image mentale structurée du nombre : les schèmes-appartements ; découverte et entraînement.

L'enseignant déterminera le moment le plus opportun pour recourir à cette boîte à outils : il peut soit anticiper le besoin des enfants et proposer ces séquences avant une situation-problème y faisant référence, soit attendre la demande des enfants qui y sont confrontés, soit profiter de l'étape de formalisation pour faire le point et apporter les informations nécessaires à la maîtrise de ces outils.
Les exercices prendront place dans le classeur d'apprentissage sous la rubrique « boîte à outils » afin que les enfants puissent facilement y recourir ensuite.
L'enseignant est invité à compléter cette boîte à outils avec tous les outils mathématiques que la vie de la classe aura permis de découvrir : différents graphiques et leur lecture, d'autres images structurées des nombres, ...
Nous proposons ci-après quelques conseils méthodologiques pour chacun des outils.

L'ÉCRITURE DES CHIFFRES

Avant de calligraphier le chiffre sur papier, il faudra apprendre à tracer le chiffre de manière précise et correcte.
Pour ce faire, nous proposons de tracer les chiffres de différentes façons qui mobilisent l'ensemble du corps :

➪ en marchant sur le tracé du chiffre dessiné sur le sol ;
➪ en représentant la forme du chiffre avec de la plasticine ;
➪ en « mimant » le chiffre avec son corps ;
➪ en le traçant dans l'espace, « en l'air », avec sa main, les yeux ouverts puis fermés ;
➪ en l'écrivant au tableau ;
➪ en l'écrivant sur une feuille mais sans contrainte de ligne, ...

Ensuite, l'enseignant pourra proposer les exercices écrits de la boîte à outils.
Pour chaque chiffre, la même progression sera proposée :

➪ suivre le tracé du doigt ;
➪ écrire le chiffre en complétant les pointillés ;
➪ s'exercer à écrire chaque chiffre en respectant les lignes.

LA LECTURE DE L'HEURE

Les notions de temps et de durée sont des notions difficiles pour les enfants, leur acquisition sera progressive et individuelle. Les situations-problèmes explorent différentes dimensions de ces concepts.
Néanmoins, en ce qui concerne la lecture proprement dite de l'heure, nous proposons des exercices assez systématiques par le biais de cette boîte à outils.
Les exercices proposés ont pour objectif de tendre vers une maîtrise progressive de la lecture de l'heure.

Cependant, cet apprentissage est rendu très complexe étant donné la variété des cadrans, les différences typographiques au niveau des chiffres, l'affichage numérique (digital) et enfin la notion de 24 heures, exigeant deux tours de l'horloge.
En ce qui concerne la première année, nous nous limiterons à l'heure exacte et la demi-heure.
Avant de proposer les exercices de la boîte à outils, nous conseillons différentes activités :

➪ l'observation de différentes horloges pour déterminer certaines constantes, identifier les particularités : à quoi faut-il faire attention pour lire l'heure ? ;
➪ la construction d'une horloge ;
➪ la découverte et/ou l'explication de la marche à suivre : la petite aiguille indique les heures, la grande aiguille indique les minutes ;
➪ l'observation fine de la position des deux aiguilles dans le cas de la demi-heure : position de la petite aiguille, position de la grande aiguille : juste au milieu (vérification par pliage). Il faudra prévoir la notation sous les deux formes : ... h 1/2, ... h 30 ;
➪ la lecture collective d'heures ;
➪ le positionnement des aiguilles en vue de faire lire un autre élève ;
➪ le positionnement des aiguilles conformément à une heure déterminée ;
➪ l'observation d'un cadran numérique (digital).

Les exercices proposeront d'abord la lecture de l'heure exacte et ensuite la lecture de la demi-heure.

LES SIGNES <, > et =

Au-delà de la compréhension des signes, il faut prendre en compte la notion elle-même.
En effet, les enfants devront d'abord maîtriser le vocabulaire en situation réelle : ils se compareront mutuellement et exprimeront leurs observations de manière précise : « je suis plus grand que toi. »
Ensuite, ils apprendront à lier deux affirmations : « je suis plus grand que toi DONC tu es plus petit que moi. »
Enfin, ils compareront des objets, des quantités.
La construction du signe peut se faire à l'aide de lattes pour aider à visualiser la position du plus grand, du plus petit. La fixation de ces signes nécessitera de nombreux exercices oraux et écrits.
Les exercices écrits sont à introduire de manière progressive.
En ce qui concerne le tout premier exercice, il convient de prendre en compte la taille réelle des objets illustrés.

VERS UNE IMAGE MENTALE STRUCTURÉE DES NOMBRES : LES SCHEMES-APPARTEMENTS

Plus le matériel semi-concret de comptage sera varié et divers, plus l'enfant aura de possibilités de se fabriquer une image mentale du nombre.
Nous nous bornerons à présenter un schéma d'approche des schèmes-appartements, tout en insistant sur l'importance de la diversité des matériaux proposés aux enfants.
Les enfants manipuleront des marrons, des bouchons, des billes, des capsules ; ils compteront sur leurs doigts ; vous pouvez aussi introduire les réglettes, les bouliers, ...
Il sera utile que chaque enfant puisse manipuler concrètement les schèmes-appartements. Aussi avons-nous prévu une feuille reprenant ces représentations qu'il conviendra de coller sur un support plus rigide avant de les découper.
Avant les exercices écrits, nous proposons différentes activités de découverte du matériel, à répéter plusieurs fois par petites séquences de jeu :

➪ observer et classer en ordre croissant et décroissant les schèmes-appartements ;
➪ chercher le ou les schèmes-appartements manquant dans un classement ;
➪ utiliser les signes <, > et = dans une comparaison de deux ou trois schèmes-appartements ;

➪ compléter par un signe ou un schème-appartement une suite logique ;
➪ classer en ordre croissant ou décroissant des schèmes-appartements donnés et faire vérifier le classement par un autre élève ;
➪ ordonner une série de schèmes-appartements donnés ;
➪ rechercher le schème-appartement qui a « un de plus » ou « un de moins » qu'un schème donné ;
➪ mettre en relation les schèmes-appartements et les nombres ;
➪ établir des équivalences entre plusieurs schèmes-appartements : un schème-appartement de 2 et un schème-appartement de 3 équivalant un schème-appartement de 5.

Les exercices écrits sont proposés en deux séries : la première est centrée sur les nombres de 0 à 5 et la seconde sur les nombres de 0 à 10.
Signalons que les exercices 5 et 6 nécessitent la maîtrise des signes >, < et =.
Dès le septième exercice, les nombres sont introduits.

5.3. Remédier aux difficultés rencontrées par l'élève (Méthode de résolution C)

Si l'on veut remédier aux difficultés de l'élève, il ne faut pas uniquement lui proposer des exercices qui portent sur la maîtrise des outils mathématiques, c'est-à-dire sur la matière. Il faut également lui proposer des exercices portant sur la méthode qu'il utilise pour résoudre un problème :

- des exercices qui aident l'enfant à apprendre à interpréter un problème ;
- des exercices qui aident l'enfant à réfléchir sur le type de réponse attendue ;
- des exercices qui développent la précision, etc.

Une série d'exercices proposés dans la banque d'exercices (**partie « C »**) permettent de remédier aux lacunes relatives à ces différents points, qui correspondent aux critères d'évaluation C1, C3 et C4 (voir plus loin, au point 6). L'enseignant orientera donc l'enfant en fonction de ses besoins mis en évidence par l'évaluation formative.

5.4. Évaluer les acquis de l'élève (Évaluation uniquement « matière » E)

Outre l' évaluation de la compétence, dont les modalités précises seront présentées au point 6, nous proposons également une évaluation uniquement centrée sur les notions mathématiques abordées par chaque palier. Cette évaluation consiste en quelques exercices classiques d'application et de restitution. Il va sans dire qu'elle ne permet en aucune façon de se prononcer sur l'acquisition de la compétence. Les fiches d'évaluation « MATIÈRE » se trouvent également dans la banque d'exercices (**partie « E »**).

Point 6. L'évaluation de l'acquis de l'élève

Si vous savez comment on évalue les compétences d'intégration acquises par l'élève, passez au point 6.

Lorsque l'on cherche à développer des compétences d'intégration auprès des élèves, il est naturel que l'évaluation des acquis de ceux-ci soit une évaluation des compétences d'intégration acquises. On peut viser trois objectifs différents en évaluant les compétences d'intégration acquises.

(1) Orienter l'apprentissage

C'est le cas lorsque, en début d'année, avant même de commencer de nouveaux apprentissages, l'on propose à l'élève des situations correspondant aux compétences d'intégration qui devaient être acquises l'année précédente, afin de diagnostiquer ses difficultés et d'y remédier, de manière à ce que les nouvelles compétences d'intégration à acquérir viennent se greffer sur des acquis solides.

(2) Réguler l'apprentissage

C'est le cas lorsque, en cours d'année, on propose à l'élève des situations correspondant aux compétences d'intégration à atteindre, dans une perspective d'évaluation formative.

(3) Certifier l'apprentissage

C'est le cas lorsqu'on évalue pour déterminer si l'élève a acquis les compétences d'intégration minimales pour passer dans l'année suivante.
Quelle que soit la fonction de l'évaluation, celle-ci se déroule toujours de la même façon, ce qui revient à poser la question : *comment pratiquer une évaluation dans une optique de développement de compétences d'intégration ?*
Quand on ne fait qu'évaluer des contenus ou des objectifs ponctuels, il suffit de déterminer si le contenu ou l'objectif est maîtrisé, à travers une question ponctuelle.
Lorsqu'il s'agit d'évaluer une compétence d'intégration, on s'y prend autrement. En effet, comment évaluer si quelqu'un est compétent pour préparer un repas ? Pour conduire une voiture ? Il faut se donner des critères qui permettent d'apprécier la qualité de ce qui est fait par l'élève.

Exemple
Pour évaluer si quelqu'un est compétent pour préparer un repas, on va bien sûr tenir compte de la qualité du produit final ; le premier critère est donc le suivant :
C1 : le repas a-t-il bon goût ?
Mais on va aussi tenir compte d'autres critères :
C2 : a-t-il cuisiné proprement ?
C3 : les aliments qu'il a utilisés sont-ils bons pour la santé ?
C4 : a-t-il respecté les normes de sécurité élémentaires ?
C5 : a-t-il veillé à cuisiner de façon économique ?
C6 : a-t-il pensé à décorer ses plats ?
C7 : a-t-il pensé à tenir compte des goûts de chaque convive ?
Évaluer une compétence d'intégration revient donc à demander à l'élève d'effectuer une production complexe, et de porter sur cette production complexe autant de regards qu'il y a de critères.
Si tous ces critères interviennent dans l'évaluation, ils n'ont toutefois pas le même poids. Dans l'exemple pris ci-dessus, peut-on certifier comme bon cuisinier quelqu'un qui cuisine proprement, qui pense à décorer ses plats et qui cuisine économiquement, mais qui n'arrive pas à faire un repas qui a bon goût et qui néglige les règles les plus élémentaires de sécurité ? Certainement pas.

Les critères minimaux

Il y a tout d'abord les critères minimaux. C'est l'ensemble des critères sur la base desquels on va certifier la réussite ou l'échec.

Dans l'exemple ci-dessus, les critères suivants peuvent être considérés comme des critères minimaux :
C1 : le repas a bon goût
C3 : les aliments qu'il a utilisés sont bons pour la santé
C4 : il a respecté les normes de sécurité élémentaires

Les critères de perfectionnement

Enfin, il y a les critères de perfectionnement, c'est-à-dire les critères qui ne servent pas à prononcer la réussite, mais qui, au-delà du seuil de réussite, servent à déterminer le niveau de performance de chaque élève, ou encore à les classer les uns par rapport aux autres.

Dans l'exemple développé ci-dessus, on pourrait dire que les critères C2, C5, C6 et C7 sont des critères de perfectionnement.

Il en va de même pour les critères utilisés dans la collection « Cracks en maths ». Ce sont les critères suivants [4] :

Critères	Description détaillée des critères
Critères minimaux C1. (critère interprétation) Interprétation correcte du problème	• compréhension de l'énoncé
C2. (critère résolution) Utilisation des outils mathématiques en situation	• algorithmes des opérations, • choix de l'opération ou, de façon plus générale, de l'outil mathématique pertinent • utilisation des formules • conversions • tracés et propriétés des figures, etc.
C3. (critère cohérence) Cohérence de la réponse	• choix de l'unité • ordre de grandeur • lien avec l'énoncé • vérification • donner du sens à un résultat obtenu, etc.
Critères de perfectionnement C4. (critère précision) Précision	• précision spontanée dans le tracé des figures
C5. (critère production) Production personnelle	• production d'un énoncé, d'une question pertinente, d'un commentaire critique, etc.

Les critères sont stables, c'est-à-dire que ce sont les mêmes critères qui seront utilisés tout au long de l'année, et dans toutes les années. Ils peuvent donc être perçus au départ comme complexes à l'utilisation, mais ils deviendront vite familiers à l'enseignant, ainsi qu'à l'élève.
Si on y regarde de plus près, ces critères ne traduisent rien d'autre que les compétences transversales qu'évoque le document « Socles de compétences ».
Le critère 2 « Utilisation des outils mathématiques en situation » a un statut un peu différent des autres. En effet, c'est le critère auquel, traditionnellement, on a toujours recouru. Il doit être opérationalisé selon les outils mathématiques à mobiliser à propos de la compétence d'intégration qui est évaluée.

Exemples

Critère 2a : utiliser en situation l'algorithme de l'addition par écrit de 3 chiffres avec report
Critère 2b : utiliser en situation l'algorithme de la soustraction par écrit de 3 chiffres sans emprunt
Critère 2c : utiliser en situation la formule de l'aire du rectangle

L'évaluation se présente donc sous la forme d'une situation complexe à résoudre par l'élève. Cette situation appartient à la famille de situations définies par la compétence d'intégration. La résolution demandée à l'élève comprend plusieurs items (étapes), qui correspondent à des occasions

[4] Le critère « Exactitude de la réponse « n'est pas repris dans l'analyse proposée. Il concerne en fait les trois premiers critères, mais est tellement englobant qu'il ne permet pas de préserver l'indépendance des critères.

d'évaluer chacun des critères. Généralement, il est bon d'avoir trois occasions de vérifier chaque critère. La maîtrise d'un critère est liée à la faculté de l'élève de répondre correctement à deux items sur trois.

Mode d'emploi

L'évaluation

Principes de fonctionnement de l'évaluation

L'évaluation est individuelle. L'enfant répond par écrit au verso de la situation-problème. Il est souhaitable que l'enfant puisse prendre connaissance de ses résultats afin qu'il se rende compte rapidement de ses réussites et de ses difficultés.

Critères évalués

Nous prendrons en compte 5 critères d'évaluation pour chaque compétence d'intégration.
Il nous semble important de les définir de manière assez complète.

C1 (interprétation) : Interpréter un problème, c'est-à-dire :

le lire correctement, pouvoir le dire dans ses mots, le visualiser, le dessiner, le mimer
identifier la question, la consigne
identifier les informations nécessaires, utiles et inutiles
identifier les mots et/ou symboles inconnus
poser des questions pertinentes

C2 (résolution) : Sélectionner et utiliser les outils mathématiques en situation, c'est-à-dire :

organiser les données, les classer
écrire en équation, traduire en langage mathématique
utiliser adéquatement du matériel
opérer correctement
utiliser ses connaissances antérieures

C3 (cohérence) : Cohérence de la réponse, c'est-à-dire :

poser des hypothèses cohérentes
communiquer sa démarche
communiquer sa solution
argumenter sa démarche, sa solution

C4 (précision) : Précision de la réponse, c'est-à-dire :

précision
rigueur
propreté
vérification de la réponse
justification de la réponse
consultation de documents

C5 (production) : Production personnelle, c'est-à-dire :

démarche originale
autonomie dans le travail (réalisation sans aide ou demande d'aide)
persévérance, ne pas abandonner, accepter de se tromper
confiance en soi, raconter sa démarche, la comparer avec celle des autres

Modalités pratiques

Cet ensemble de critères est évalué grâce à dix questions que l'enseignant pose oralement aux enfants. Ceux-ci répondent individuellement et par écrit. Chaque question correspond à un ou plusieurs critères. Chaque critère est évalué au moins 3 fois et permet ainsi à l'enseignant de se rendre compte si l'enfant a acquis ou non ce palier de la compétence d'intégration. En effet, le critère peut être considéré comme acquis si l'élève répond correctement 2 fois sur 3.
Chaque situation-problème est caractérisée en fonction d'une typologie précise. En effet, les difficultés que rencontre un enfant pour résoudre un problème sont liées à un grand nombre de variables. Il y a tout d'abord, des variables qui ne sont pas liées au contenu : des variables personnelles et interpersonnelles, des variables de contexte que nous ne pouvons pas maîtriser. Ensuite, il y a les variables liées au problème lui-même.
Bien qu'il soit difficile d'établir une véritable classification des problèmes tant il y a de variables différentes, nous avons regroupé ces variables en 3 grandes catégories :

- les **variables d'identification** qui décrivent la nature du problème. Elles donnent des indications sur le type de comportement que l'on veut susciter chez l'enfant. Ce sont le répertoire cognitif, le produit attendu et le niveau d'ouverture du problème ;
- les **variables mathématiques** qui sont des variables de contenu ;
- les **variables d'habillage** qui sont relatives à la présentation du problème. Ce sont la présentation du problème, la place de la question, l'ordre de présentation des données, l'existence de données parasites et le cadre.

Cette typologie sera appliquée à chaque situation-problème d'évaluation afin de la caractériser de manière précise.
Pour en savoir plus sur le plan théorique : consulter « *Les mathématiques à l'école primaire* », Xavier Roegiers, De Boeck, 2000, tome 2, p.181-189.
L'étape de systématisation se réalise à travers des exercices complémentaires, tirés de la banque d'exercices.

Précisons enfin que les exercices de la banque d'exercices sont classés **en fonction des différents critères d'évaluation** : autrement dit, il y a, dans la partie « A » de la banque d'exercices, les exercices ayant trait à la sélection et l'utilisation des outils mathématiques (exercices critère résolution), et dans la partie « C » les exercices ayant trait à l'interprétation d'un problème (exercices critère interprétation), les exercices ayant trait à la cohérence (exercices critère cohérence) et les exercices ayant trait à la précision des réponses (exercices critère précision). Nous ne proposons pas d'exercices de systématisation en fonction du critère « production » vu que ce critère fait surtout appel à la créativité et à l'imagination personnelle de l'enfant. L'enseignant pourra ainsi proposer à l'enfant le type d'exercice qui lui convient en fonction de l'évaluation.

Point 7. Une collection flexible

Si vous déjà utilisé un manuel d'une autre année de cette collection, il ne nous reste plus, à ce stade-ci, qu'à vous souhaiter bonne chance .

La collection se présente comme un ensemble de situations-problèmes d'exploration, d'exercices de systématisation et de situations d'intégration, accompagnés de propositions de fonctionnement. La caractéristique principale est la **flexibilité** qui permet à chaque enseignant d'adapter cet outil à sa démarche personnelle.

- En effet, l'enseignant peut choisir l'ordre dans lequel il aborde les domaines d'activité (nombres, opérations, grandeurs, espace) et cela tout au long de l'année scolaire. De plus, libre à lui d'exploiter 1, 2, 5 ou 7 situations-problèmes se rapportant à un palier d'acquisition. Les situations-problèmes, tout en répondant à une gradation méthodologique, peuvent être abordées de manière individuelle. La planification de l'apprentissage reste donc entre les mains de l'enseignant qui le souhaite.

– Cette même ouverture est prônée en ce qui concerne le matériel concret mis à la disposition des enfants. Tout en insistant sur l'importance de proposer du matériel concret aux enfants tant pour la résolution des problèmes que pour leur vérification, libre à l'enseignant, à l'école, de choisir le type de matériel donné aux enfants.
– Le même souci caractérise les exercices qui, outre quelques exercices ponctuels au dos des situations-problèmes, sont regroupés sous forme de documents reproductibles dans un premier temps (sur un CD-Rom plus tard), permettant à l'enseignant de gérer au mieux le nombre et le type d'exercices en fonction des besoins des enfants et du temps imparti.
– Enfin, dans sa forme, le « livre » ou « cahier » de l'élève a fait place à un classeur, d'une utilisation plus souple vu qu'il permet d'ajouter des feuilles, traces de découvertes de classe, de questionnement de groupe, ... Ce classeur comprend 4 intercalaires structurant les 4 domaines d'activité ainsi qu'une boîte à outils. Les illustrations introduisant les situations-problèmes sont présentées sur des feuilles de couleur correspondant à l'intercalaire et au domaine d'activité pour un classement aisé.

L'autre grande particularité de la collection est de permettre cette flexibilité tout en préservant la **rigueur scientifique** d'une construction méthodologique ouverte aux apports personnels des enfants et des enseignants : le danger d'une utilisation fragmentaire d'un manuel est d'en perdre la cohérence ; la richesse d'une personnalisation d'un apprentissage est de le rendre beaucoup plus proche de la réalité du vécu des acteurs ; le pari est d'allier les deux points de vue.
Bon travail, bon apprentissage, bon amusement !

Les auteurs.

Table des objectifs

N.B. Les références N1.1, N1.2, … renvoient tant au fichier d'apprentissages de l'enfant qu'au guide méthodologique, et à certaines parties de la banque d'exercices. « N1.2 », par exemple, renvoie au dossier des nombres (N) palier 1, situation-problème 2.

NOMBRES

Compétence d'intégration

Résoudre des situations-problèmes mettant en œuvre des comparaisons et des compositions de nombres de 0 à 20.

Palier 1 : Les nombres de 0 à 5

Objectifs spécifiques

Dénombrer des quantités de 0 à 5 **N1.1**
Mettre en correspondance terme à terme **N1.1**
Déterminer le cardinal d'un ensemble **N1.1**
Sérier des objets **N1.2**
Opérer des classements **N1.2**
Énoncer un critère de classement **N1.2**
Déterminer l'aspect ordinal de tout élément d'un classement **N1.2**
Représenter les nombres de 0 à 5 : les lire, les écrire, les reconnaître sous différentes écritures **N1.3**
Composer et décomposer les nombres de 0 à 5 **N1.4**
Composer et décomposer le nombre 5 **N1.5**
Traduire sous forme d'égalité les différentes compositions **N1.5**
Exprimer et symboliser de manière personnelle un nombre sous son aspect cardinal et ordinal **N1.6**

Palier 2 : Les nombres de 0 à 9

Objectifs spécifiques

Déterminer le cardinal d'ensembles **N2.1**
Distinguer les cardinaux de 6 à 9 **N2.1**
Composer des ensembles de cardinaux de 6 à 9 **N2.1**
En dépassement : opérer la relation « +2 » sur des nombres **N2.1**
Lire et écrire les chiffres de 0 à 9 **N2.2**
Distinguer les cardinaux de 0 à 9 **N2.3**
Pratiquer le comptage **N2.3**
Composer des ensembles dont le cardinal est un nombre entre 0 et 9 : N2.4, N2.6 **N2.4**
Décomposer des nombres de 0 à 9 : N2.4, 7 **N2.6**
Comparer des nombres, les sérier (ordre croissant) **N2.5**

Aborder la notion de « rang » : aspect ordinal **N2.5**
Symboliser les décompositions (en faisant apparaître la différence entre « 4 + 3 » et « 3 + 4 », par exemple) **N2.6**

Palier 3 : Les nombres de 0 à 20

Objectifs spécifiques

Identifier les nombres de 0 à 20 **N3.1**
Les lire sous forme de chiffres et de lettres **N3.1**
Décomposer le nombre 10 **N3.2**
Symboliser les décompositions du nombre 10 **N3.2**
Lire et écrire les nombres de 0 à 20 **N3.3**
Identifier les nombres de 0 à 20 sous différentes symbolisations **N3.3**
Composer des ensembles dont le cardinal est compris entre 0 et 20 **N3.4**
Décomposer de manière additive les nombres de 0 à 20 **N3.5**
Reconnaître la notion de dizaine, douzaine, quinzaine et vingtaine **N3.6**
Composer une dizaine, une douzaine, une quinzaine et une vingtaine **N3.6**

OPÉRATIONS

Compétence d'intégration

Résoudre des situations-problèmes mettant en œuvre les 4 opérations fondamentales sur des nombres de 0 à 20.

Palier 1 : L'addition sur des nombres de 0 à 20

Objectifs spécifiques

Reconnaître, identifier une opération additive **O1.1**
Symboliser une situation additive **O1.2**
Reconnaître des décompositions additives **O1.3**
Symboliser des décompositions additives **O1.3**
Composer des situations additives **O1.3, O1.5**
Effectuer des additions en situation **O1.4, O1.5**
Symboliser mathématiquement l'addition **O1.5**
Trouver les termes de l'addition dont on connaît le total **O1.5**
Reconnaître le rôle neutre du zéro dans l'addition **O1.6**

Palier 2 : La soustraction sur des nombres de 0 à 20

Objectifs spécifiques

Identifier une situation soustractive **O2.1**
Différencier une situation additive et soustractive **O2.1, O2.2**
S'approprier les termes « additionner et soustraire » **O2.1**

Poser une question qui détermine une opération à réaliser **O2.2**
Utiliser l'opération soustractive **O2.3, O2.5**
Représenter une situation soustractive donnée **O2.3**
Opérer des additions et des soustractions **O2.4, O2.5**
Prendre conscience des réalités différentes que regroupe la soustraction **O2.6**
Rôle du zéro dans l'addition et la soustraction (neutre) **O2.6**

Palier 3 : La multiplication sur des nombres de 0 à 20

Objectifs spécifiques

Construire une situation multiplicative concrète **O3.1**
Représenter une situation multiplicative **O3.1, O3.2, O3.6**
Opérer concrètement une situation multiplicative **O3.2**
Symboliser une situation multiplicative en langage mathématique **O3.3**
Associer une situation dessinée et une équation mathématique **O3.3**
Introduire le signe mathématique « X » **O3.3**
Opérer une situation multiplicative **O3.4**
Construire une multiplication à l'aide d'additions **O3.5**
Faire le lien entre l'addition et la multiplication **O3.5**

Palier 4 : La division sur des nombres de 0 à 20

Objectifs spécifiques

Opérer une division par pliages **O4.2**
Distinguer la notion de division dans une situation concrète **O4.1**
Représenter concrètement une division **O.4.1**
Distinguer les quatre opérations fondamentales **O4.5**
Reconnaître chaque opération **O4.5**
Représenter les 4 opérations fondamentales **O4.5**
Effectuer les 4 opérations fondamentales **O4.5**
Fractionner des quantités en demi, tiers, quart **O4.4**, **O4.6**
Calculer le résultat de fractionnements **O4.4**
Opérer sur le nombre avec les opérateurs 1/2, 1/3, 1/4 **O4.4**
Pratiquer la division « partage » **O4.3**
Rendre des partages égaux **O4.3**

GRANDEURS

Compétence d'intégration

Résoudre des situations-problèmes mettant en œuvre les unités de mesure de grandeurs ; durée, longueur, masse et capacité.

Palier 1 : Les unités de temps et de durée (heure, demi-heure, jour, semaine)

Objectifs spécifiques

Se repérer dans la journée **G1.1**
Identifier des moments précis de la journée **G1.1**
Établir une succession temporelle exacte et précise **G1.2**
Exprimer une succession temporelle **G1.2**
Distinguer la semaine « scolaire » de la semaine « civile » **G1.3**
Se repérer dans la suite des jours de la semaine **G1.3, G1.4**
Compléter une page de calendrier à partir de matériel concret **G1.4**
Employer les termes : hier, aujourd'hui, demain **G1.4**
Établir la succession chronologique d'une journée **G1.5**
Dessiner la petite et la grande aiguille à partir d'une lecture d'horloge **G1.5**
Transcrire l'heure d'une horloge et d'un cadran digital **G1.5**
Prendre conscience de la durée **G1.6**
Symboliser une durée sur une horloge **G1.6**
Concrétiser une durée par des exemples personnels **G1.6**

Palier 2 : Les unités de mesure de longueur (mètre)

Objectifs spécifiques

Se familiariser avec l'usage d'un instrument de mesure **G2.1**
Mesurer des objets dans le sens de placer correctement un instrument de mesure adéquat **G2.1**
Expérimenter qu'il existe différentes mesures possibles pour un même objet **G2.1**
Comparer des objets en fonction de leur taille **G2.1**
Découvrir le vocabulaire spécifique des unités de mesure de longueur dépassement **G2.1**
Associer le terme spécifique avec la mesure exacte dépassement **G2.1**
Comparer des longueurs avec un étalon donné **G2.2**
Trouver une longueur équivalente à l'étalon donné **G2.2**
Comparer des longueurs entre elles, les sérier **G2.3, G2.4**
Utiliser la relation « plus grand que », « plus petit que » **G2.3**
Mesurer des longueurs avec des étalons divers **G2.4**
Se comparer en terme de longueur, se sérier **G2.5**
Découvrir l'importance de l'unité de mesure conventionnelle **G2.6**

Palier 3 : Les unités de mesure de masse (kilo)

Objectifs spécifiques

Découvrir la notion de masse **G3.1**
Manipuler, soupeser des masses **G3.1**
Comparer des objets entre eux en fonction de leur masse **G3.1**
Comparer des objets en fonction de leur masse sans étalon commun, les sérier **G3.2**
Choisir le bon instrument de mesure en fonction de ce que l'on doit peser **G3.3**
Manipuler des instruments de mesure de masse (à condition que ceux-ci aient été rassemblés par le maître.) **G3.3**
Découvrir une unité de mesure conventionnelle et commune **G3.4**
Comparer différentes masses au kilogramme **G3.4**
Évaluer une masse de 1 kilogramme **G3.4**
Associer la mesure conventionnelle de 1 kilogramme à un support concret **G3.4**
Se comparer par rapport à une mesure conventionnelle de masse, se sérier **G3.5**
Évaluer des masses **G3.6**
Découvrir les rapports entre les longueurs et les masses **G3.6**

Palier 4 : Les unités de mesure de capacité (litre)

Objectifs spécifiques

Comparer des sons liés à des contenances, sans unité commune **G4.1**
Classer des objets dans l'ordre croissant en fonction du critère son, sans être influencé par un autre critère (forme, taille, ...) **G4.1**
Sérier des capacités sans unité conventionnelle **G4.2**
Manipuler des capacités **G4.2, G4.3**
Comparer des capacités à l'aide d'un étalon commun **G4.3**
Décomposer une quantité de liquide **G4.3**
Associer l'unité de mesure conventionnelle à une image concrète **G4.4, G4.6**
Comparer et classer des capacités en fonction de l'unité conventionnelle **G4.5**
Évaluer des contenants **G4.5**
Comparer des contenants **G4.6**
Mesurer des contenants **G4.6**

ESPACE

Compétence d'intégration

Résoudre des situations-problèmes mettant en œuvre une localisation dans l'espace.

Palier 1 : L'espace qui m'entoure

Objectifs spécifiques

Situer des objets par rapport aux autres objets **E1.1**
Employer les termes « devant, derrière, à côté de, en-dessous, au dessus » pour décrire la situation des objets **E1.1, E1.6, E1.7**
S'orienter dans l'espace par rapport à une personne **E1.2, E1.4, E1.5, E1.6**
Orienter des objets par rapport aux autres objets afin de déterminer le nom des personnages **E1.2**
Interpréter une flèche **E1.3**
Tracer des flèches **E1.4**
Représenter un parcours par des flèches **E1.4, E1.5**
Prendre en compte la notion de précision, d'intérieur, d'extérieur et de frontière **E1.3, E1.7**

Palier 2 : Les objets à 3 dimensions

Objectifs spécifiques

Observer des solides géométriques **E2.1, E2.2, E2.5, E2.6**
Associer des solides géométriques à des objets de l'environnement familier **E2.1**
Reconnaître des solides géométriques dans des objets réels et dessinés **E2.2**
Classer des objets en fonction du critère « forme » **E2.3**
Manipuler des solides géométriques **E2.4, E2.5, E2.7**
Construire des solides à l'aide d'autres solides **E2.4, E2.5, E2.7**
Décrire des solides géométriques **E2.6, E2.7**

Palier 3 : Les objets à 2 dimensions

Objectifs spécifiques

Distinguer une ligne ouverte et une ligne fermée, une ligne droite et une ligne courbe **E3.1**
Tracer une ligne courbe, une ligne brisée, une ligne ouverte et une ligne fermée **E3.1**
Reconnaître les formes géométriques de base **E2.3, E3.2, E3.3, E3.7**
Distinguer et nommer les formes géométriques de base **E3.2, E3.7**
Dessiner, à main levée, les formes géométriques reconnues **E3.2**
Surligner des tracés de formes géométriques **E3.3**

Tracer des formes géométriques simples **E3.4, E3.7**
Composer des formes géométriques simples **E3.5**
Distinguer les solides et les surfaces géométriques **E3.6**
Distinguer les termes « faces » et « côtés » **E3.6, E3.7**

Liste des consignes dessinées

Complète.

Trace une (des) ligne(s) droite(s).

Trace l'ensemble, une figure,...

Ordonne du plus grand au plus petit.

Ordonne du plus petit au plus grand.

Colorie.

Trace, dessine dans l'ensemble.

<|>|=
Complète avec les signes <,> ou =.

Demande à ton professeur.

Invente.

Observe attentivement.

Trace, entoure.

Barre l'intrus.

Coche.

Relie ou trace une flèche.

I|O
Complète le tableau par I si c'est vrai et O si c'est faux.

+|X|=
Complète avec les signes +, x, =, –, ÷.

Découpe.

Colle.

?
Pose-toi une question.

Écris.

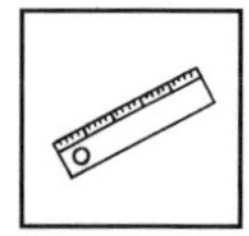
Mesure.

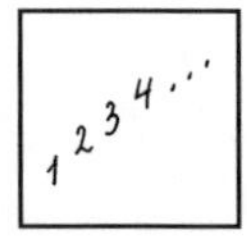

Compte.

Lis.

Dessine.

Exercice de renforcement

Exercice d'anticipatio

Exercice plus difficile

NOMBRES

Compétence d'intégration

Résoudre des situations-problèmes mettant en œuvre des comparaisons et des compositions de nombres de 0 à 20.

N1.1 NOMBRES

Palier 1 Les nombres de 0 à 5

Situation-Problème 1 ***Vive la rentrée !***

Structuration	Représentation	Mise en œuvre	Intégration	Évaluation

Description

Une famille de 5 enfants est illustrée. C'est le matin de la rentrée scolaire. Dans un quart d'heure, tout le monde va devoir partir.
On peut remarquer 5 personnages, 5 manteaux différents au vestiaire, 5 cartables disséminés dans la pièce, 5 boîtes de pique-nique, 5 paires de chaussures. On voit aussi des données parasites : 2 paires de pantoufles, des patins, des jouets.
Chacun pourra-t-il retrouver toutes ses affaires au moment du départ ?
Tout le monde est-il prêt à partir ?
Comment le savoir et en être certains ?

Caractéristiques de la situation

Dans toute communication, toute transmission de message, on parle de signifié et de signifiant. Le signifié traduisant le sens, la réalité représentée par le signe et le signifiant traduisant la façon dont cette réalité est représentée, l'aspect extérieur du signe en quelque sorte.
En mathématique aussi, cette distinction est importante : l'aspect « signifié », « ce qu'est un nombre », recouvre la définition des différents nombres, les relations entre ces nombres (diviseurs, multiples, ...) ; l'aspect « signifiant », la façon d'écrire le nombre, recouvre les notions de système de numération de position.
Cette première situation-problème envisage le concept de nombre naturel sous son aspect de « signifié ». Nous considérons un nombre naturel comme la propriété commune à toutes les collections entre lesquelles on peut établir une correspondance terme à terme.
Afin d'arriver à la maîtrise de la compétence visée, l'enfant devra pouvoir utiliser les 4 éléments suivants : le comptage, la correspondance terme à terme, la notion d'invariance numérique et la notion de propriété numérique d'une collection.
En ce qui concerne la consigne 1 (voir plus loin), plusieurs procédés sont envisageables pour résoudre cette première situation-problème : la distribution d'objets à chacun, les comptages, la correspondance terme à terme, la construction de collections, les ensembles, ...
Les enfants seront libres d'utiliser le procédé qu'ils désirent, la richesse de la mise en commun dépendra de la diversité de ces procédés. La communication à l'ensemble du groupe du procédé utilisé sera un exercice riche tant au point de vue de l'expression qu'au point de vue mathématique.
La consigne 2 est nettement moins ouverte en ce qui concerne les procédés vu qu'elle oriente clairement vers un dénombrement.
La consigne 3 n'est proposée qu'à titre de dépassement, la principale difficulté de l'exercice étant d'ordre sémantique.

📖 Tome 1. Pages 115-121.[1]

---

1 Pour rappel, le sigle 📖 fait référence à l'ouvrage de ROEGIERS, X. (2000), *Les mathématiques à l'école primaire*, Louvain-la-Neuve, De Boeck, Tomes 1 et 2.

Objectifs spécifiques

Dénombrer des quantités de 0 à 5.
Mettre en correspondance terme à terme.
Identifier le cardinal d'un ensemble.

Matériel à prévoir

Soit les enfants sont habitués à manipuler du matériel semi-concret, ils pourront alors manipuler des bouchons, des marrons, des boutons, ... représentant des cartables, des enfants, des chaussures, ...
Soit les enfants ne sont pas encore habitués, il faudra alors soit jouer la situation « en vrai », soit utiliser du matériel « *Légo* » ou « *Playmobil* », ou encore, disposer de deux illustrations de la situation afin que l'enfant puisse découper les personnages, les cartables, les boîtes de pique-nique, ...

Déroulement

Préparation

- Introduire en ses propres termes le sujet de la situation **sans la dévoiler :** être prêt à partir le matin.
- Demander aux enfants de s'exprimer quant à la situation : comment cela se passe-t-il chez vous le matin ?
- Faire découvrir l'illustration et laisser les enfants observer la situation-problème selon les principes de la lecture dynamique.
- Demander aux enfants ce qu'ils observent et quel est le problème.
- Faire expliciter les consignes et s'assurer de la compréhension de chacun.

CONSIGNES

1. Chacun pourra-t-il retrouver ses affaires au moment de partir ?
2. Combien y a-t-il de cartables ? de boîtes de pique-nique ? de manteaux ? d'enfants ?

DÉPASSEMENT

3. Combien de paires de chaussures y a-t-il ? Combien de pantoufles ?

Réalisation

- Consigne 1. Chacun cherche un procédé de résolution : comment vais-je m'y prendre ?
- Mise en commun des hypothèses de procédés.
- Constitution de petites équipes de 2 ou 3 en fonction des hypothèses.
- Recherche de résolution.
- Résolution.
- Recherche à propos de la consigne 2.
- Résolution.
- Demander aux équipes de se préparer à communiquer leurs solutions aux autres, à expliquer leur procédé.
- Mise en commun. Vérification. Discussion. Argumentation.

Formalisation

- Établir ensemble une synthèse dessinée des différents procédés mis en œuvre pour arriver à une solution de la consigne 1.
- Demander aux enfants d'inventer des situations similaires les uns pour les autres.

Dépassement

Pour les enfants ayant résolu rapidement le problème (ou pour qui la situation ne pose pas problème), proposer de résoudre la consigne 3.

Piste d'interdisciplinarité

Établir une petite liste dessinée de ce que je dois avoir dans mon cartable chaque jour pour être en ordre. Cette liste sera dans mon cartable, ainsi je pourrai vérifier et être autonome.

Exercices

1. Relie pour vérifier s'il y a un cartable pour chaque enfant.
2. Compte les manteaux.
3. Y a-t-il un pique-nique pour chaque cartable ?

Exercices supplémentaires

Banque d'exercices

A. Exercices « matière »

N1	p. 1-2	n° 1 à 5
	p. 3	n° 6 à 9

NOMBRES

Palier 1 Les nombres de 0 à 5

Situation-Problème 2 ***Quel désordre !***

Structuration	Représentation	Mise en œuvre	Intégration	Évaluation

Description

Un étal de bonbons : des pots de toutes les tailles et de toutes les couleurs, des bonbons de toutes les tailles et de toutes les couleurs, des étiquettes avec des prix. Le tout est mélangé.
Comment pourrais-tu aider le marchand à ranger son étalage de bonbons ?

Caractéristiques de la situation

Si la première situation-problème envisageait l'aspect cardinal du nombre, ici, l'aspect ordinal sera envisagé, c'est-à-dire la place que tout nombre occupe relativement aux autres nombres. Pour ce faire, nous avons choisi une situation-problème à travers laquelle l'enfant devra ordonner des pots de bonbons.
À nouveau, plusieurs procédés sont possibles pour résoudre ce problème : la sériation des pots de bonbons en fonction du nombre de bonbons qu'ils contiennent, en fonction de la taille des pots, en fonction du prix, classement en fonction des couleurs, des sortes de bonbons, ...
La consigne est volontairement ouverte pour permettre une multiplicité de classements, tout classement pouvant permettre d'établir un ordre : le premier pot, le deuxième, le troisième, ...

Tome 1. Pages 125-126.

Matériel à prévoir

L'idéal serait de disposer de deux exemplaires de la situation afin de faire découper les différents pots de bonbons par les enfants. Ils pourront ainsi les manipuler et proposer plusieurs classements avant de s'arrêter sur un classement qu'ils colleront sur leur feuille.
On peut aussi jouer la situation et créer un « vrai magasin de bonbons »...
La manipulation de « vrais bonbons » sera d'autant plus motivante.

Déroulement

Préparation

- Introduire en ses propres termes le sujet de la situation **sans la dévoiler** : l'ordre (sens usuel) et les rangements.
- Demander aux enfants de s'exprimer quant à la situation : vous demande-t-on parfois de ranger ? Pourquoi ? Comment fait-on pour ranger ?
- Faire découvrir l'illustration et laisser les enfants observer la situation-problème selon les principes de la lecture dynamique.
- Demander aux enfants ce qu'ils observent et quel est le problème.
- Faire expliciter les consignes et s'assurer de la compréhension de chacun.

CONSIGNES

1. Comment pourrais-tu aider le marchand de bonbons à ranger son étalage ?
2. Range l'étalage à ta manière.

DÉPASSEMENT

3. Propose deux autres rangements possibles.

Réalisation

- Consigne 1. Chacun cherche un rangement possible.
- Mise en commun des propositions.
- Constitution de petites équipes de 2 ou 3 en fonction des propositions.
- Recherche de résolution de la consigne 2.
- Résolution par la réalisation concrète.
- Demander aux équipes de se préparer à communiquer leur solution aux autres, à expliquer leur rangement.
- Mise en commun. Vérification. Discussion. Argumentation.

Formalisation

- Demander aux enfants quel classement choisirait le marchand de bonbons et pourquoi.
- On pourrait éventuellement introduire le terme « **sérier** » pour définir un classement du plus petit au plus grand ou le contraire, du plus cher au moins cher ou le contraire, du plus nombreux au moins nombreux ou le contraire pour sa facilité de lecture, mais son usage pour des enfants de cet âge ne semble pas utile.

Dépassement

Pour les enfants ayant résolu rapidement le problème (ou pour qui la situation ne pose pas problème), proposer de résoudre la consigne 3.

Piste d'interdisciplinarité

Classer tous les jeux de la classe en fonction de différents critères : le nombre de joueurs, la durée d'une partie, ...
S'interroger sur l'utilité des classements, rangements.
Visiter une bibliothèque et découvrir le système de classement : l'appliquer aux livres de la classe.

Exercices

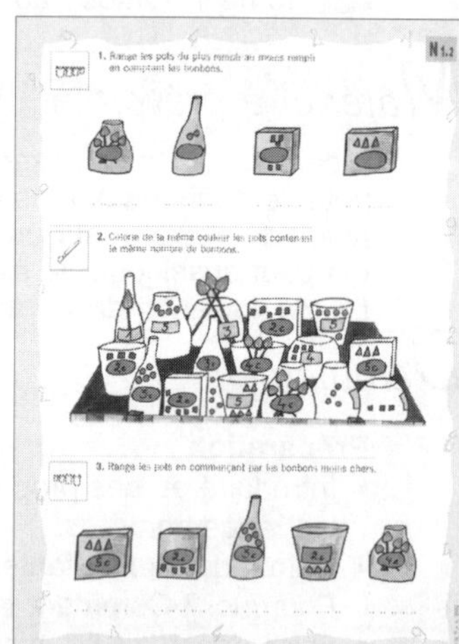

1. Range les pots du plus rempli au moins rempli en comptant les bonbons.
2. Colorie de la même couleur les pots contenant le même nombre de bonbons.
3. Range les pots en commençant par les bonbons moins chers.

Exercices supplémentaires

Banque d'exercices

A. Exercices « matière »
N1 p. 8-9 n° 2 à 5

B. Boîte à outils
B3 p. 8-9 n° 1 à 9

N1.3

NOMBRES

Palier 1 Les nombres de 0 à 5

Situation-Problème 3 **Tableau artistique**

Structuration	**Représentation**	Mise en œuvre	Intégration	Évaluation

Description

Réalise une grande fresque des nombres de 0 à 5 en découpant et en collant des chiffres, en les dessinant.
Chaque chiffre doit y être au moins 5 fois avec plusieurs écritures différentes.
L'ensemble doit être joli !
Comment vas-tu t'y prendre ?

Caractéristiques de la situation

La situation-problème que voici peut introduire la distinction entre le chiffre et le nombre, toute l'attention étant ici attirée sur la représentation correcte du symbole.
Il ne faudra cependant pas se laisser leurrer par la maîtrise de l'écriture des chiffres comme du comptage : un enfant capable d'énumérer de mémoire une suite de chiffres ou de les écrire ne maîtrise pas pour autant la notion de nombre.
Voici une activité idéale à réaliser en groupe vertical (enfants de 5 à 7 ans). Les objectifs d'éducation artistique compléteront les objectifs de calligraphie des chiffres de 0 à 5, même si, concrètement, ce travail de découpage est difficile et peut-être un peu fastidieux en ce début d'année.
Cette activité pourrait être précédée ou suivie d'une activité similaire avec de la plasticine : représenter les chiffres en 3 dimensions ; ou encore par une activité corporelle au cours de laquelle les enfants seraient invités à représenter les chiffres avec leur corps, individuellement ou en petites équipes.
Les exercices classiques de calligraphie des chiffres seront évidemment nécessaires également : ils se trouvent dans la « boîte à outils ».

📖 Tome 1. Pages 121-122.

Objectifs spécifiques

Représenter les nombres de 0 à 5 : les lire, les écrire, les reconnaître sous différentes écritures.

Matériel à prévoir

Magazines divers, ciseaux, colle, peintures, ...

Déroulement

Préparation

- Introduire en ses propres termes le sujet de la situation **sans la dévoiler** : un tableau, une œuvre d'art à créer.
- Demander aux enfants de s'exprimer quant à la situation : qu'est-ce qu'un tableau, une œuvre d'art ? où les trouve-t-on d'habitude ? qui réalise des tableaux ? , ...
- Faire découvrir l'illustration et laisser les enfants observer la situation-problème selon les principes de la lecture dynamique.
- Demander aux enfants ce qu'ils observent et quel est le problème.
- Faire expliciter les consignes et s'assurer de la compréhension de chacun.

> CONSIGNES
>
> 1. Établis un projet de tableau.
> 2. Réalise un beau tableau reprenant 5 fois les chiffres 0, 1, 2, 3, 4 et 5, écrits de manières différentes.

Réalisation

- Consigne 1. Chacun établit un projet.
- Mise en commun des projets.
- Consigne 2. Recherche, découpages en vue de la réalisation de la fresque.
- Réalisation de la fresque en petites équipes conformément à la consigne 2.
- Mise en commun. Vérification. Discussion. Argumentation.

Formalisation

- Demander aux enfants comment ils se sont organisés en équipes et comment la collaboration s'est déroulée.
- Calligraphier les chiffres de 0 à 5 afin d'avoir une référence commune.
- Une écriture est un code commun, une référence.

Dépassement

Pour les enfants ayant résolu rapidement le problème (ou pour qui la situation ne pose pas problème), proposer d'écrire d'autres nombres découverts pendant leurs recherches.

Piste d'interdisciplinarité

Découvrir des codes secrets, d'autres écritures de nombres (exemple : chiffres romains).

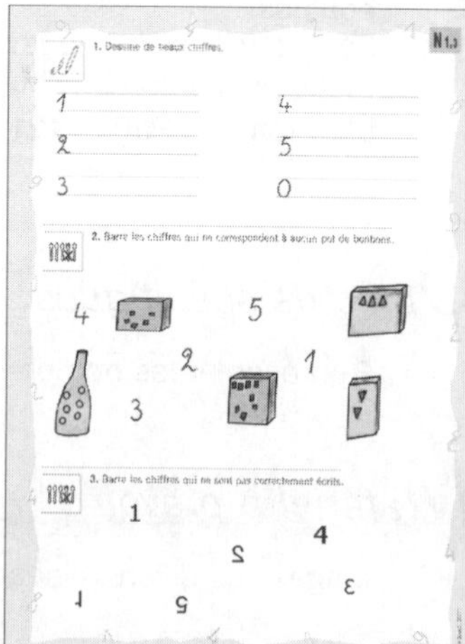

Exercices

1. Dessine de beaux chiffres.
2. Barre les chiffres qui ne correspondent à aucun pot de bonbons.
3. Barre les chiffres qui ne sont pas correctement écrits.

Exercices supplémentaires

Banque d'exercices

A. Exercices « matière »
N1 p. 8 n° 1

B. Boîte à outils
B1 p. 1 à 3 n° 1 à 12

N1.4 NOMBRES

Palier 1 Les nombres de 0 à 5

Situation-Problème 4 ***Décorons ensemble notre classe***

Structuration	Représentation	**Mise en œuvre**	Intégration	Évaluation

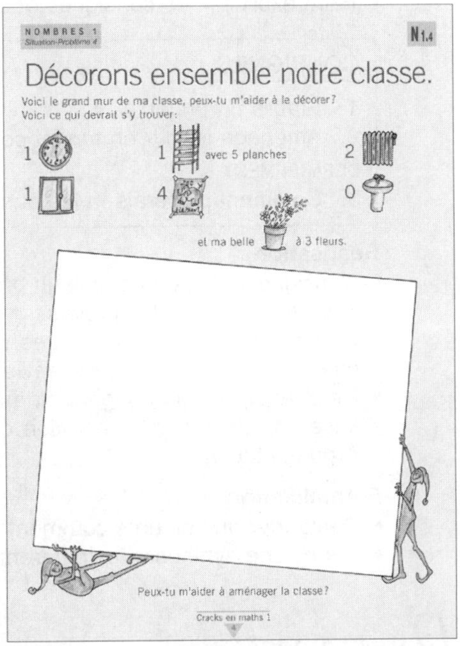

Description

Voici le grand mur de la classe, peux-tu m'aider à le décorer ?
Voici ce qui devrait s'y trouver : une horloge, une étagère avec 5 planches, 2 radiateurs, 1 fenêtre, 4 affiches, 0 lavabo et ma belle plante avec 3 fleurs.
Peux-tu m'aider à aménager la classe ?

Caractéristiques de la situation

La démarche de décomposition d'un nombre est la démarche inverse de celle d'opération : en effet, lorsqu'on décompose un nombre, on le décompose en plusieurs éléments alors que pour les opérations, plusieurs éléments sont combinés en un seul résultat.
La situation-problème va demander aux enfants de composer des nombres en les plaçant sur le mur en fonction des consignes (4 affiches, 5 planches, ...) mais ils décomposeront aussi ces mêmes nombres en décrivant leur réalisation : « nous avons placé une affiche à côté de l'étagère, deux au-dessus du radiateur et une à côté de l'horloge : 4 = 1 + 2 + 1. »
Outre l'aspect de composition et décomposition de nombres de 0 à 5, certaines notions de localisation dans l'espace sont abordées dans le cadre de cette situation. Il est évident que l'on peut en profiter pour aménager un mur ou la classe en réalité avec les enfants et donc personnaliser le problème en fonction de paramètres personnels.

Tome 1. Page 203.

Objectifs spécifiques

Composer et décomposer les nombres de 0 à 5.
Apprendre à faire un plan, à décorer un mur.
Passer du plan vertical à sa représentation horizontale (surtout en dépassement).

Matériel à prévoir

L'idéal serait de pouvoir disposer de l'illustration en plusieurs exemplaires afin de posséder les différents éléments à placer sur le mur en surnombre par rapport à la consigne : par exemple, deux lavabos, trois fenêtres, une plante avec 5 fleurs, une autre avec 3 fleurs, 5 affiches, deux horloges, une étagère avec 4 planches et une autre avec 5 planches, trois radiateurs et quelques intrus, par exemple : une balle, une lampe, ...
Les enfants auront ainsi à découper et placer les éléments en fonction de la consigne.
Prévoir aussi des ciseaux et de la colle.

Déroulement

Préparation

- Introduire en ses propres termes le sujet de la situation **sans la dévoiler** : décorer la classe.
- Demander aux enfants de s'exprimer quant à la situation : avez-vous déjà décoré un mur ? une pièce ? un sapin ? à quelle occasion ? à quoi doit-on faire attention ? que change la décoration ?
- Faire découvrir l'illustration et laisser les enfants observer la situation-problème selon les principes de la lecture dynamique.
- Demander aux enfants ce qu'ils observent et quel est le problème.
- Faire expliciter les consignes et s'assurer de la compréhension de chacun.

> CONSIGNES
>
> 1. Établis un projet.
> 2. Aménage le mur en tenant compte de la consigne.
>
> DÉPASSEMENT
>
> 3. Comment placerais-tu les bancs de ta classe si tu pouvais les changer ?

Réalisation

- Consigne 1. Chacun établit un projet.
- Mise en commun des projets.
- Constitution de petites équipes de 2 ou 3 en fonction des projets. Une fois les projets décrits, chacun choisit avec qui il a envie de réaliser la tâche.
- Réalisation de l'aménagement du mur en petites équipes conformément à la consigne 2.
- Mise en commun. Présentation orale de l'aménagement et description. Vérification. Discussion. Argumentation.

Formalisation

- Demander aux enfants comment ils ont fait pour être d'accord entre eux.
- Établir une synthèse des différentes décompositions et compositions des nombres de 0 à 5.

Dépassement

Pour les enfants ayant résolu rapidement le problème (ou pour qui la situation ne pose pas problème), proposer de résoudre la consigne 3 en leur fournissant un plan de la classe.

Piste d'interdisciplinarité

Décorer réellement un mur de la classe.
Découvrir le métier de décorateur d'intérieur.

Exercices

1. Complète le dessin et sa description.
2. Écris le nombre sur chaque étiquette.
3. Dessine le bon nombre de cahiers dans chaque ensemble.

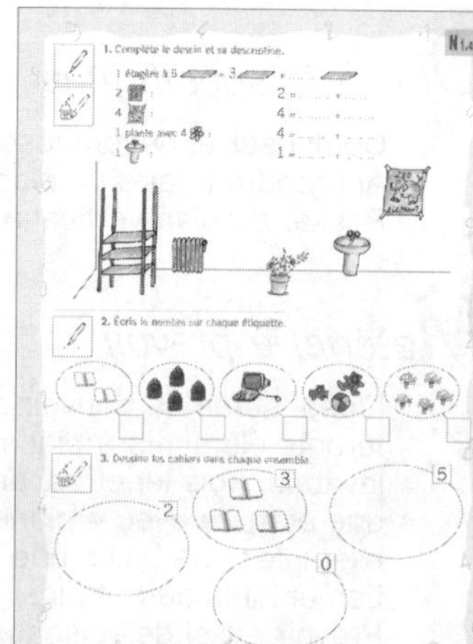

Exercices supplémentaires

Banque d'exercices

A. Exercices « matière »
N1 p. 6-7 nº 1 à 4
B. Boîte à outils
B5 p. 12 à 14 nº 1 à 10

N1.5

NOMBRES

Palier 1 Les nombres de 0 à 5

Situation-Problème 5 ***L'excursion***

Structuration	Représentation	**Mise en œuvre**	Intégration	Évaluation

Description

Nous partons en excursion avec la classe. Pour ne pas nous perdre nous avons tous mis une casquette sur la tête. Des parents vont nous conduire avec leurs voitures. Chaque voiture peut prendre 5 personnes en tout au maximum : le conducteur + 4 passagers. Certaines voitures sont complètes, d'autres sont à compléter, d'autres sont encore vides. Des enfants attendent encore.
Sont-ils prêts pour le départ ?

Caractéristiques de la situation

La situation invite l'enfant à comparer et composer les nombres de 0 à 5 afin de résoudre la situation-problème.
Par ce biais, les enfants seront invités à décomposer le nombre 5 afin d'en faire une étude de nombre classique qui pourra donner lieu aux différentes représentations graphiques des décompositions (arbre, tableau,...).
La consigne 1 est volontairement très ouverte afin de laisser les enfants chercher un maximum de possibilités de résolution de la situation. La consigne 2 est plus restreinte afin de guider les enfants vers une résolution mathématique de la situation-problème.
La consigne de dépassement envisagera les nombres jusqu'à 20.

Tome 1. Pages 203-206.

Objectifs spécifiques

Composer et décomposer le nombre 5.
Traduire sous forme d'égalité les différentes possibilités.

Matériel à prévoir

Éventuellement, prévoir l'illustration de la situation-problème en double exemplaire afin que les enfants puissent découper les personnages et les coller près de la voiture.
Sinon, les enfants peuvent relier les enfants aux voitures. Ou encore, colorier les casquettes de la couleur de la voiture.

Déroulement

Préparation

- Introduire en ses propres termes le sujet de la situation **sans la dévoiler** : une excursion de classe.
- Demander aux enfants de s'exprimer quant à la situation : avez-vous déjà vécu une excursion ? Comment cela s'est-il passé ? Que gardez-vous comme souvenir ?
- Faire découvrir l'illustration et laisser les enfants observer la situation-problème selon les principes de la lecture dynamique.
- Demander aux enfants ce qu'ils observent et quel est le problème.
- Faire expliciter les consignes et s'assurer de la compréhension de chacun.

CONSIGNES

1. Sont-ils prêts à partir ?
2. Complète les voitures afin que l'on puisse partir.

DÉPASSEMENT

3. Pour ta classe, combien de voitures faudrait-il prévoir ?

Réalisation

- Répartition des enfants en petites équipes de deux ou trois.
- Recherche et résolution des consignes 1 (et 2, si nécessaire).
- Préparation de la mise en commun au reste du groupe.
- Mise en commun. Vérification. Discussion. Argumentation.
- Mise en scène libre par les enfants : traduction de la résolution sous forme symbolique au choix des enfants qui seront amenés à formaliser progressivement.

Formalisation

- Demander aux enfants d'exprimer ce qu'ils pensent avoir appris par cette résolution de problème.
- Demander aux enfants de trouver toutes les façons de composer le nombre 5.

Dépassement

Pour les enfants ayant résolu rapidement le problème (ou pour qui la situation ne pose pas problème), proposer de résoudre la consigne 3.

Piste d'interdisciplinarité

Découvrir différents moyens de transport en fonction du nombre de passagers qu'ils peuvent contenir. Quel moyen de transport utiliser à 2, à 8, à 20 ?

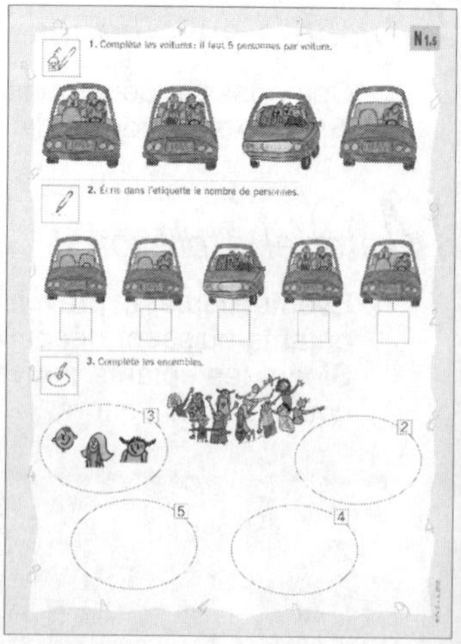

Exercices

1. Complète les voitures : il faut 5 personnes par voiture.
2. Écris dans l'étiquette le nombre de personnes.
3. Complète les ensembles.

Exercices supplémentaires

Banque d'exercices

A. Exercices « matière »
N1 p. 4-5 n° 1 à 4

N1.6

NOMBRES

Palier 1 Les nombres de 0 à 5

Situation-Problème 6 **Le coffre aux idées**

Structuration	Représentation	Mise en œuvre	Intégration	Évaluation

Description

La situation vise à faire le point sur les acquis de l'enfant avant de procéder à une évaluation. Nous lui demandons ici d'exprimer le nombre 5 et de représenter le « troisième » comme il le désire, que ce soit de manière graphique, de manière plastique avec de la plasticine, de manière corporelle avec les doigts ou son corps, de manière verbale en l'expliquant, de manière métaphorique en faisant une comparaison, ...
Comment montrer « 5 » ?
Comment montrer « le troisième » ?

Caractéristiques de la situation

La situation demande aux enfants d'établir des liens entre les différents apprentissages réalisés au cours des situations-problèmes afin d'en réaliser une synthèse personnelle : l'aspect ordinal a été abordé par la situation 2, l'aspect cardinal à travers la situation 1 et les décompositions ont été abordées par les situations 4 et 5.
La situation-problème demandera une symbolisation toute personnelle des nombres et introduira ainsi les enfants au langage mathématique qui utilise beaucoup de symboles pour représenter des objets.

Tome 1. Page 77.

Objectifs spécifiques

Exprimer et symboliser de manière personnelle un nombre sous son aspect cardinal et ordinal.

Matériel à prévoir

Pour résoudre la situation, les enfants peuvent utiliser ce qu'ils désirent : magazines, plasticine, marrons, réglettes, ...

Déroulement

Préparation
- Introduire en ses propres termes le sujet de la situation **sans la dévoiler** : en se basant sur les différentes situations déjà vécues, essayer de représenter un nombre.
- Demander aux enfants de se remémorer les différentes situations et ce qu'elles ont permis de comprendre.

- Faire découvrir l'illustration et laisser les enfants observer la situation-problème selon les principes de la lecture dynamique.
- Demander aux enfants ce qu'ils observent et quel est le problème.
- Faire expliciter les consignes et s'assurer de la compréhension de chacun.

> CONSIGNES
>
> 1. Comment montrer 5 ?
> 2. Comment montrer le troisième ?
>
> DÉPASSEMENT
>
> 3. Trouve trois manières de représenter 4 dans la vie courante.

Réalisation

- Répartition des enfants en petites équipes de deux ou trois.
- Recherche et résolution des consignes 1 et 2.
- Préparation de la mise en commun et de la communication au reste du groupe.
- Mise en commun. Vérification. Discussion. Argumentation.

Formalisation

- Demander aux enfants ce qui les a aidés dans leur recherche.
- Créer un panneau récapitulatif des différentes symbolisations des nombres.

Dépassement

Pour les enfants ayant résolu rapidement le problème (ou pour qui la situation ne pose pas problème), proposer de résoudre la consigne 3 (penser aux dés, aux chiffres, aux chiffres romains, aux schèmes, ...).

Piste d'interdisciplinarité

La communication est le propre de l'homme. Si la communication verbale ou écrite est impossible, il existe d'autres possibilités. Découvrir différents langages : le langage des signes, le braille.

Exercices

1. Relie les ensembles aux schèmes, puis aux chiffres.
2. Complète.
3. Écris en chiffres.

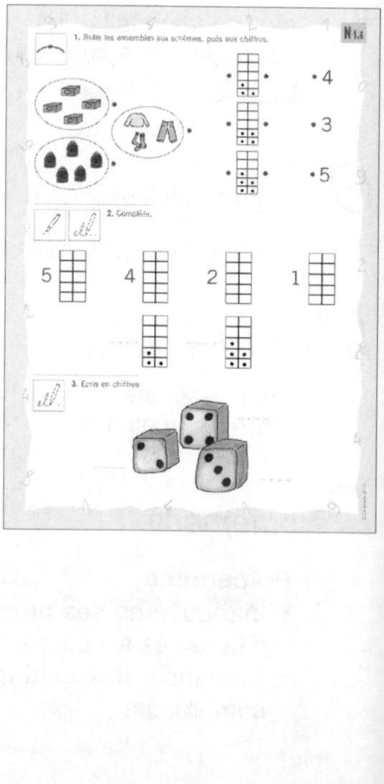

N1.7

NOMBRES

Palier 1 Les nombres de 0 à 5

Situation-Problème 7 **Le grand départ**

Structuration	Représentation	Mise en œuvre	Intégration	**Évaluation**

Description

Une valise à faire : des vêtements bien rangés dans l'armoire, d'autres déjà dans la valise. Une liste de choses à prendre avec soi.
Sur la liste : 2 pantalons, 3 sweat-shirts, 5 paires de chaussettes, 1 essuie, pas de bonbons.
Certaines choses sont déjà dans la valise (5), certaines choses inutiles y sont aussi (5), d'autres choses doivent encore être ajoutées en fonction de la liste (5).
Ta valise est-elle prête ?

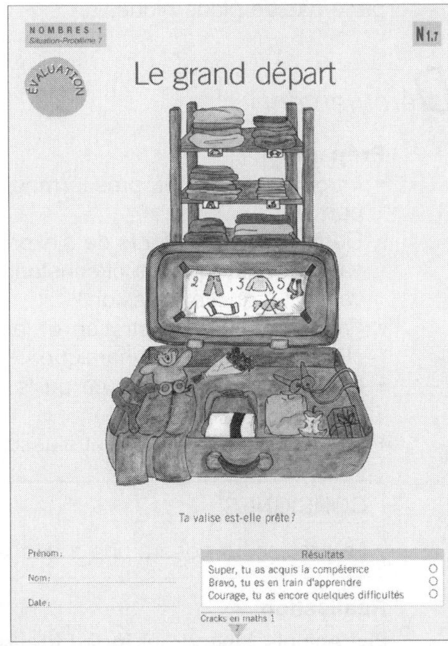

Caractéristiques de la situation

La situation demande à l'enfant de composer des nombres. Il aura à comparer la liste avec ce qu'il y a déjà dans la valise : il manque des choses, combien, lesquelles. Il s'apercevra aussi qu'il y a des choses qui sont dans la valise et qui ne devraient pas s'y trouver, combien, lesquelles. Enfin, l'enfant devra aller plus loin en se prononçant sur la durée et la destination du séjour ainsi que sur ce qu'il ajouterait dans sa valise personnelle. Cet ensemble de questions sera posé par le maître aux enfants, c'est pourquoi nous avons opté pour un langage simple et familier, facile d'accès pour les enfants.

Objectifs spécifiques

Utiliser en situation la composition et la comparaison de nombres de 0 à 5 : lire et écrire les nombres de 0 à 5, identifier le cardinal d'un ensemble, construire un ensemble dont le cardinal est connu, compléter un ensemble en fonction du cardinal, composer et décomposer un nombre représentant un ensemble d'éléments, utiliser les termes : « il y a plus de ... », « il y a moins de ... », « il y a autant de ... ».

Caractérisation du problème d'évaluation

Variables d'identification			**Variables mathé-matiques**	**Variables d'habillage**				
Répertoire cognitif	Produit attendu	Niveau d'ouverture	Opérations mises en œuvre	Présentation du problème	Place de la question	Ordre de présentation des données	Existence de données parasites	Cadre
problème numérique	*des nombres des choix*	*fermé ouvert pour les questions 8, 9, 10*	*voir les objectifs spécifiques*	*énoncé écrit et dessiné*	*en fin d'énoncé*	*dans l'ordre d'utilisation*	*au moins une donnée parasite*	*vie quotidienne*

Tome 2. Pages 181-199.

Des situations pour s'exercer

– **Liste de courses.** Une liste de courses à faire dans une grande surface, dont certains éléments sont déjà dans la charrette, d'autres pas encore ; un élément se trouve dans la charrette et pas dans la liste, que pourrait-on préparer avec les ingrédients de la liste, ...

– **Une notice d'un jeu de société à vérifier.** Rubrique « contenu du jeu » : nombre de pions, de dés, au moins un élément appartenant à un autre jeu, que pourrait-on jouer avec ces éléments, ...

– **Préparer son cartable en fonction de son journal de classe**. Des éléments sont déjà dans le cartable, d'autres pas encore, des objets « superflus » sont dans le cartable, le journal de classe ne parle pas de pique-nique, ...

Déroulement

Préparation

- Introduire en ses propres termes le sujet de la situation **sans la dévoiler** : préparer sa valise pour partir.
- Demander aux enfants de s'exprimer quant à ce type de situation : avez-vous déjà préparé votre valise ? dans quelles circonstances ? avez-vous déjà eu une liste de choses à mettre dans la valise ? à quelle occasion ?
- Faire découvrir l'illustration et laisser les enfants observer la situation-problème selon les principes de la lecture dynamique.
- Demander aux enfants ce qu'ils observent, quel est le problème quelle pourrait être la tâche à réaliser.
- Expliciter les consignes et s'assurer de la compréhension de chacun.

CONSIGNES
Le professeur posera une à une les questions reprises ci-dessous.

Réalisation

Les enfants répondront **individuellement** et par écrit sur la feuille prévue à cet effet au verso de la situation-problème.
Le professeur corrigera ultérieurement les réponses des élèves.
Une fois les questions posées et l'évaluation achevée, les enfants peuvent résoudre la situation-problème en équipes.

Questions d'évaluation (correctif)

1. Ta valise est-elle prête ? tout y est ? peut-on la fermer ?
   Oui – Non. (Non)
2. Entoure la bonne réponse :
   – Tu pars en classes vertes.
   – Tu pars en vacances.
   – La situation ne dit pas où tu vas. (X)
3. Entoure la bonne réponse :
   – La consigne te demande de faire la valise.
   – La consigne te demande de vérifier si la liste est complète. (X)
   – La consigne te demande de compléter la valise
4. Combien d'éléments de la liste sont déjà dans la valise ?
   Écris le nombre dans le cadre. (5)
   (combien de paires de chaussettes, de pantalons, de sweats, ...)

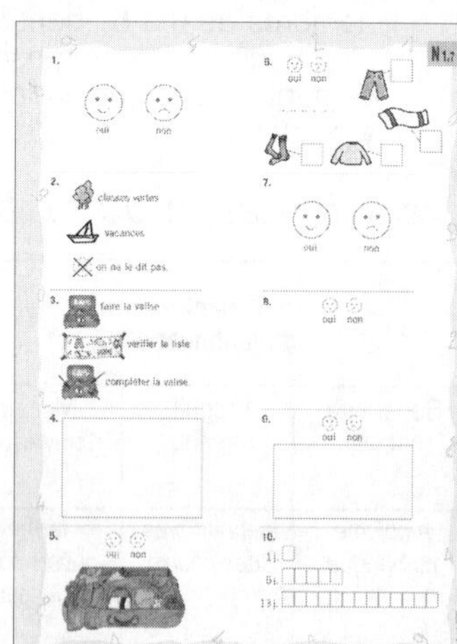

5. Y a-t-il des choses dans la valise qui ne sont pas demandées dans la liste ?
   Oui – Non. (Oui)
   Si oui, combien ? Écris le nombre dans le cadre. (5)
   Retire-les en les barrant dans la valise. (Les fleurs, le nounours, le cadeau, la corde et la pomme)
6. Dans la valise, manque-t-il des choses qui sont sur la liste ?
   (Y a-t-il des choses qui sont sur la liste qui ne sont pas dans la valise ?)
   Oui – Non. (Oui)
   Si oui, combien en tout ? (5)
   Écris combien dans les étiquettes. (Un pantalon, 4 paires de chaussettes et 1 sweat)
7. Maintenant, la valise est-elle prête en fonction de la liste ? Oui – Non. (Oui)
8. À ton avis, manque-t-il des choses dans la liste ?
   Dessine-les. (Trousse de toilette avec brosse à dents, savon, ..., sous-vêtements, pyjama, ...)
9. Personnellement, voudrais-tu ajouter quelque chose dans ta valise ?
   Si oui, dessine-le. (Poupée, nounours, peluche, livre, ...)
10. À ton avis, combien de temps pars-tu ? La valise contient des vêtements pour combien de jours ? Colorie.
   Qu'est-ce qui te fait penser, dire, cela ?
   (En fonction de l'argumentation : 5 jours car 5 paires de chaussettes…)

Grille des critères

Critère 1 **Interprétation**	Critère 2 **Résolution**	Critère 3 **Cohérence**	Critère 4 **Précision**	Critère 5 **Production**
Q. 1, 2, 3	Q. 4, 5, 6	Q. 4, 5, 7	Q. 4, 5, 10	Q. 8, 9, 10
/3	/3	/3	/3	/3

Nous préconisons un seuil d'acquisition de 2/3 pour chaque critère. En cas de non-acquisition, se reporter à la banque d'exercices en fonction du (des) critère(s) : partie **A**, pour la résolution de problèmes, et partie **C** pour les critères 1, 3 et 4.

Évaluation uniquement « matière »

La situation-problème évalue l'acquisition de la compétence. Pour une évaluation des contenus, des objectifs spécifiques, se reporter à l'évaluation uniquement « matière » **N1** dans la banque d'exercices (partie **E**).

N2.1 NOMBRES

Palier 2 Les nombres de 0 à 9

Situation-Problème 1 ***Moi j'ai 6 ans, 6 ans comme ça !***

Structuration	Représentation	Mise en œuvre	Intégration	Évaluation

Description

Illustration d'une série de gâteaux d'anniversaire avec des bougies (6, 6, 7, 8, 9 et un gâteau sans bougie) et d'un groupe d'enfants qui parlent ensemble.
Peux-tu offrir à chacun le gâteau qui lui revient ?
Dessine aussi un gâteau pour toi.

Caractéristiques de la situation

La situation vise à aider l'enfant à identifier le cardinal d'un ensemble et construire un ensemble dont le cardinal est connu.
On pourra dire qu'un enfant maîtrise réellement des nombres entre 0 et 10 lorsqu'il en aura une perception globale, c'est-à-dire qu'il pourra les identifier directement à travers une structure précise sans comptage.
Il semble important de souligner que la plupart des gens éprouvent des difficultés à dénombrer globalement des quantités plus grandes que 5 ; dès lors, ils recourent au comptage ; celui-ci ne doit pas nécessairement commencer à 1 : ils peuvent percevoir globalement une quantité de quatre, par exemple, et continuer le comptage à partir de là.
Tome 1. Page 122.

Matériel à prévoir

Le « déchiffrage » du dialogue entre enfants peut poser problème pour beaucoup d'enfants lorsque la situation-problème est abordée au 1er trimestre. Afin de les aider, nous proposons de découvrir les différents messages collectivement.

Déroulement

Préparation

- Introduire en ses propres termes le sujet de la situation **sans la dévoiler** : des gâteaux d'anniversaire, des bougies.
- Demander aux enfants de s'exprimer quant à leur vécu concernant les anniversaires, les gâteaux, les bougies à souffler.
- Faire découvrir l'illustration et laisser les enfants observer la situation-problème selon les principes de la lecture dynamique.
- Demander aux enfants ce qu'ils observent et quel est le problème.
- Inviter les enfants à découvrir la consigne en leur demandant de formuler les questions que l'illustration suscite en eux.
- Faire expliciter les consignes et s'assurer de la compréhension de chacun.

CONSIGNES

1. Donne à chacun le gâteau qui lui revient.
2. Dessine ton gâteau d'anniversaire.

DÉPASSEMENT

3. Combien de bougies comptera-t-on sur ton gâteau dans deux ans ?

Réalisation

- Recherche et résolution individuelle.
- Mise en commun des solutions de la consigne 1.
- Réalisation personnelle de la consigne 2.
- Exposition des gâteaux.
- Recherche collective des « propriétaires » de chaque gâteau.

Formalisation

- Discuter avec les enfants des différences d'âge constatées au sein de la classe.
- Prendre conscience de l'importance de trouver sans aide une solution et de vérifier celle-ci soi-même.

Dépassement

Pour les enfants ayant résolu rapidement le problème (ou pour qui la situation ne pose pas problème), proposer de résoudre la consigne 3.

Exercices

1. Dessine les bougies du gâteau d'anniversaire de ton(ta) meilleur(e) ami(e).
2. Combien de bougies comptes-tu ?
3. Dessine le gâteau de Mathilde.

Exercices supplémentaires

Banque d'exercices

A. Exercices « matière »

N2	p. 10	n° 2 à 4
	p. 13	n° 2 à 4
	p. 17	n° 2 à 4
	p. 21	n° 2 à 4
	p. 25	n° 2 à 3

B. Boîte à outils

B6	p. 15 à 17	n° 1 à 10.

N2.2

NOMBRES

Palier 2 Les nombres de 0 à 9

Situation-Problème 2 ***Le téléphone sonne !***

Structuration	**Représentation**	Mise en œuvre	Intégration	Évaluation

Description

Illustration d'un beau grand téléphone. Les touches sont partiellement effacées : il ne reste que le 2, le 5 et le 7.
Sur le téléphone, on a prévu un endroit pour que l'enfant puisse y inscrire son numéro de téléphone.
Peux-tu compléter le clavier de ce téléphone ?
Note ton numéro de téléphone à l'endroit indiqué.

Caractéristiques de la situation

La situation a pour objectif de faire prendre conscience à l'enfant que les chiffres servent à communiquer des informations et en garder le souvenir (chacun doit connaître son numéro de téléphone) comme les lettres, assemblées en mots, expriment des idées.
De plus, ils devront tenir compte de l'espace disponible pour écrire les chiffres et ils se rendront compte de l'importance de la précision et de la propreté du travail afin que l'information puisse être interprétée de manière correcte.

Objectifs spécifiques

Lire et écrire les chiffres de 0 à 9.

Matériel à prévoir

Un vrai téléphone, un annuaire téléphonique, prévoir d'avoir la liste des numéros de téléphone des enfants ou leur demander de s'informer chez eux et d'apporter les renseignements pour la leçon.

Déroulement

Préparation

- Introduire en ses propres termes le sujet de la situation **sans la dévoiler** : une communication téléphonique.
- Demander aux enfants de s'exprimer quant à leur vécu concernant le téléphone : comment procède-t-on ?
- Faire découvrir l'illustration et laisser les enfants observer la situation-problème selon les principes de la lecture dynamique.
- Demander aux enfants ce qu'ils observent et quel est le problème.
- Faire expliciter les consignes et s'assurer de la compréhension de chacun.

CONSIGNES
1. Complète le clavier de ce téléphone avec des chiffres.
DÉPASSEMENT
2. Note ton numéro de téléphone à l'endroit indiqué.

Réalisation

- Consigne 1. Recherche et résolution individuelle.
- Mise en commun : comparaison des téléphones, vérification à l'aide d'un vrai téléphone.
- Vérifications.

Formalisation

- Discuter avec les enfants de l'utilisation du téléphone, de son utilité.
- Prendre conscience de l'importance du tracé lisible, de la précision des chiffres.

Dépassement

Pour les enfants ayant résolu rapidement le problème (ou pour qui la situation ne pose pas problème), proposer de résoudre la consigne 2 en équipes de deux : « je te dicte mon numéro de téléphone, j'écris ton numéro de téléphone ».

Piste d'interdisciplinarité

1. Une vraie communication téléphonique : comment se présenter, comment répondre au téléphone, les formules de politesse, ...
2. Recherche et note le numéro de téléphone des secours d'urgence : pompiers, police, médecins.

Exercices

1. Complète ces curieux claviers de téléphone.
2. Recopie les numéros de téléphone de 5 amis de la classe.
3. Écris le numéro que tu aimerais avoir.

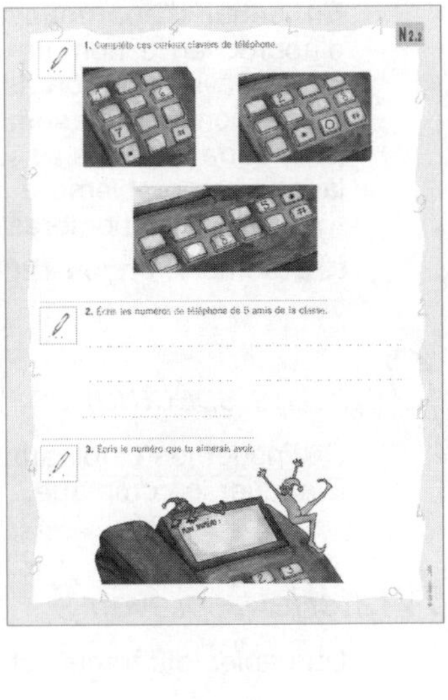
N2.2
1. Complète ces curieux claviers de téléphone.
2. Écris les numéros de téléphone de 5 amis de la classe.
3. Écris le numéro que tu aimerais avoir.

Exercices supplémentaires

Banque d'exercices

A. Exercices « matière »

N2	p. 10	n° 1
	p. 13	n° 1
	p. 17	n° 1
	p. 21	n° 1
	p. 25	n° 1

B. Boîte à outils

B6	p. 4-5	n° 13 à 20

N2.3 NOMBRES

Palier 2 Les nombres de 0 à 9

Situation-Problème 3 ***Les nombres sont partout !***

Structuration	Représentation	Mise en œuvre	Intégration	Évaluation

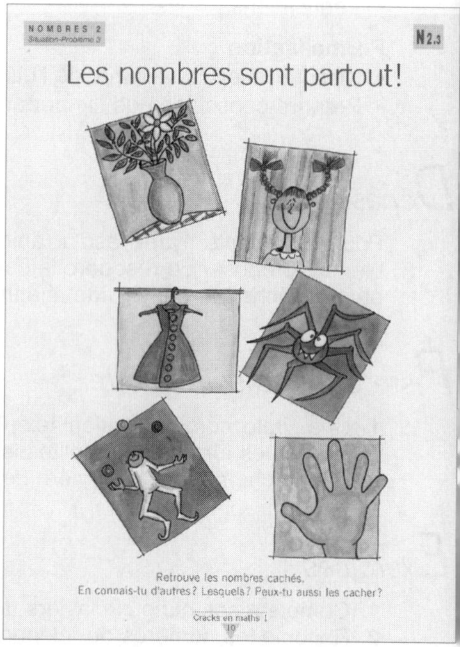

Description

Différents dessins : un vase avec 1 fleur, un visage avec 2 tresses mises en évidence, une robe avec 7 boutons, un jongleur avec 3 balles, les 5 doigts d'une main, une araignée avec ses 8 pattes.
Retrouve les nombres cachés.
Connais-tu d'autres nombres, lesquels ?
Peux-tu aussi les cacher ?

Caractéristiques de la situation

La situation vise à faire prendre conscience qu'un nombre représente bien une quantité déterminée et qu'il peut être représenté soit concrètement (comme dans la réalité), soit d'une manière semi-concrète (par le dessin), soit symboliquement (par les chiffres, les schèmes).
En début d'apprentissage, il semble intéressant d'approcher le nombre à partir de collections mettant en évidence son aspect cardinal et de le représenter comme une somme d'unités.
On pourra dès lors associer les représentations de la situation-problème à des schèmes proposant des « photos » des nombres qui montrent leur structure interne (domino, schème-appartement, ...)
Tome 1. Pages 126-127.

Objectifs spécifiques

Distinguer les cardinaux de 0 à 9.
Pratiquer le comptage.

Matériel à prévoir

Du papier, différents schèmes disponibles en classe : dominos, schèmes-appartements, ...

Déroulement

Préparation

- Introduire en ses propres termes le sujet de la situation **sans la dévoiler** : découvrir des nombres « cachés » dans les objets et les situations de tous les jours.
- Demander aux enfants de s'exprimer quant à ce type de situation : ont-ils déjà vu des « nombres cachés », en quoi cela consistait-il ?

- Faire découvrir l'illustration et laisser les enfants observer la situation-problème selon les principes de la lecture dynamique.
- Demander aux enfants ce qu'ils observent et quel est le problème.
- Faire expliciter les consignes et s'assurer de la compréhension de chacun.

CONSIGNES

1. Identifie les nombres qui sont cachés.
2. Identifie les nombres qui manquent.
3. Cache de la même manière les nombres qui manquent.

DÉPASSEMENT

4. Réalise un grand panneau avec tous les nombres : chaque nombre sera écrit en lettres et en chiffres, chaque nombre sera représenté par un petit dessin qui le représente comme dans les nombres « cachés ».

Réalisation

- Consignes 1, 2 et 3. Recherche et résolution individuelles.
- Vérification individuelle, puis par deux.
- Mise en commun des illustrations des chiffres manquants.

Formalisation

- Comparer différentes solutions pour une même consigne : illustrations différentes pour un même nombre.
- Associer les représentations illustrées et les schèmes des nombres de 0 à 10.
- Prendre conscience que faire un dessin peut permettre de mieux comprendre, de mieux visualiser, de mieux retenir.

Dépassement

Pour les enfants ayant résolu rapidement le problème (ou pour qui la situation ne pose pas problème), proposer de résoudre la consigne 4.

Exercices

1. Retrouve les nombres cachés.
2. Quels nombres se cachent derrière ces dessins ?
3. Représente les nombres 3 et 9 à l'aide de petits carrés.
Fais la même chose pour 6 et 8.

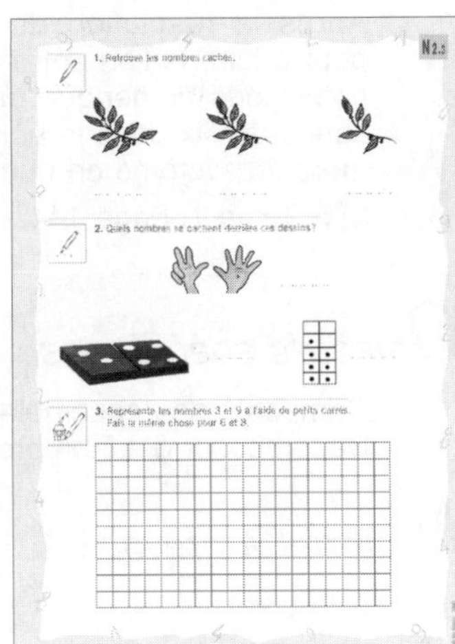

Exercices supplémentaires

Banque d'exercices

A. Exercices « matière »

N2	p. 10-11	n° 3, 7, 8
	p. 14	n° 6
	p. 15	n° 2
	p. 18	n° 6, 7
	p. 22	n° 7
	p. 23	n° 3

N2.4

NOMBRES

Palier 2 Les nombres de 0 à 9

Situation-Problème 4 ***L'invitation***

Structuration	Représentation	**Mise en œuvre**	Intégration	Évaluation

Description

Petit entretien particulier entre une maman et son enfant : maman lui annonce que pour son anniversaire, il peut inviter 8 amis à la maison pour faire la fête.
Qui vas-tu inviter ?
Combien de filles et de garçons ?
Dessinez-vous faisant la fête.

Caractéristiques de la situation

Les enfants auront à composer un nombre. Tout d'abord, ils se rendront compte qu'un groupe est un ensemble d'éléments regroupés selon une base donnée, base déterminée par n'importe quel nombre, ensuite, ils se rendront compte qu'ici la base est « neuf » pour le dessin de la fête et « huit » pour la décomposition des invités.
L'adulte insistera sur le fait de trouver toutes les combinaisons possibles (nombre de filles et de garçons), afin de pouvoir exploiter toutes les décompositions du nombre.
Après la résolution de la situation-problème, on pourra faire le lien entre ces groupes de 8 invités et notre code numérique qui regroupe les éléments par dix, le zéro indiquant l'absence d'une puissance de dix dans le nombre, ce qui permettra une première approche du principe de fonctionnement du système de numération en base dix.

Tome 1. Page 144.

Objectifs spécifiques

Composer des ensembles dont le cardinal est un nombre entre 0 et 9 : ici, 8 et 9.
Décomposer des nombres de 0 à 9 : ici, 8 et 9.

Matériel à prévoir

Du papier.

Déroulement

Préparation

- Introduire en ses propres termes le sujet de la situation **sans la dévoiler** : inviter des amis chez soi.
- Demander aux enfants de s'exprimer quant à ce type de situation : qui a déjà invité des amis chez lui ? à quelle occasion ?

- Faire découvrir l'illustration et laisser les enfants observer la situation-problème selon les principes de la lecture dynamique.
- Demander aux enfants ce qu'ils observent et quel est le problème.
- Faire expliciter les consignes et s'assurer de la compréhension de chacun.

> CONSIGNES
>
> 1. Qui vas-tu inviter ?
> 2. Combien de filles et de garçons inviteras-tu ?
> 3. Dessinez-vous faisant la fête.
>
> DÉPASSEMENT
>
> 4. Si tes parents t'avaient autorisé à inviter 9 copains ou copines, quelles possibilités d'invités aurais-tu ?

Réalisation

- Consigne 1. Répartition des enfants par équipes de deux en fonction des amitiés.
- Recherche et résolution de la consigne 1.
- Consignes 2 et 3. Recherche – représentation et résolution.
- Inciter les enfants à représenter les décompositions avec du matériel concret.
- Demander aux enfants de trouver une façon de vérifier si leur solution est correcte.
- Mise en commun : comparaison des résultats ; discussion et argumentation.

Formalisation

- Discuter de notre système de numération en base 10 : principe de groupement par dix et de position.

Dépassement

Pour les enfants ayant résolu rapidement le problème (ou pour qui la situation ne pose pas problème), proposer de résoudre la consigne 4.

Piste d'interdisciplinarité

- Discuter des raisons qui font que les parents limitent le nombre d'invités.
- Partager les sentiments qu'éveille en chacun le fait d'être ou ne pas être invité à un anniversaire.
- Comment rédiger une invitation, comment libeller une enveloppe ?

Exercices

1. Complète ta propre liste d'invités pour ton anniversaire. Combien de personnes inviteras-tu ? Tes invités sont :
2. Marie a 6 invités. Il y a 4 filles. Dessine tout le monde autour du gâteau.
3. Marc a invité 4 amis et 4 amies. Combien seront-ils en tout ?

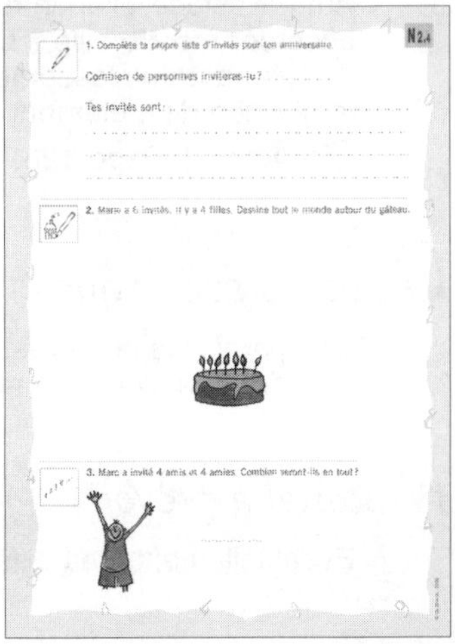
N2.4

1. Complète ta propre liste d'invités pour ton anniversaire.

Combien de personnes inviteras-tu ? ....

Tes invités sont : ....

2. Marie a 6 invités. Il y a 4 filles. Dessine tout le monde autour du gâteau.

3. Marc a invité 4 amis et 4 amies. Combien seront-ils en tout ?

Exercices supplémentaires

Banque d'exercices

A. Exercices « matière »

N2	p. 10-11	n° 2, 9
	p. 15	n° 1
	p. 19	n° 2-4
	p. 23	n° 1-5

N2.5 NOMBRES

Palier 2 Les nombres de 0 à 9

Situation-Problème 5 ***Une belle collection !***

Structuration	Représentation	**Mise en œuvre**	Intégration	Évaluation

Description

Dans une cour de récréation, des enfants comparent leurs collections de billes.
– Alizé a 9 billes (on les voit dans ses mains)
– Baptiste dit : « j'en avais 5 et j'en ai gagné 2. »
– Samuel dit : « J'ai perdu 2 billes. » Il en montre 6.
– Coline montre avec ses doigts : elle a 6 billes.
– Leila montre ses 4 billes : 1 grosse et 3 petites.
– Pierre dit : « J'en ai 5 » (chiffre écrit dans une bulle)
Qui a le plus de billes ?
Fais le classement.

Caractéristiques de la situation

La situation vise à comparer des quantités afin de les sérier. La difficulté réside dans le fait que les quantités sont exprimées de manières différentes (représentation concrète, représentation semi-concrète (les doigts), représentation symbolique (le chiffre), représentation sous forme d'opérations à calculer). De plus, l'enfant devra comprendre que pour ordonner des nombres, il aura à comparer chacune des quantités et les situer les unes par rapport aux autres.
La situation-problème demandera donc à l'enfant de coordonner l'aspect cardinal et ordinal du nombre. L'aspect ordinal déterminera la place que ce nombre occupe par rapport aux autres et l'aspect cardinal déterminera le nombre total d'éléments de la collection. Il existe différentes façons de dénombrer les éléments d'une collection et donc, différents ordres possibles : ordre croissant, ordre décroissant, ...
Autre « astuce » : un intrus s'est glissé dans la situation. Leila montre une GROSSE bille, quel statut accorder à cette bille ? La solution est ouverte.
Au moment du classement, l'enfant se rendra compte que les nombres peuvent aussi représenter la position d'un élément dans une suite.

Tome 1. Page 125.

Objectifs spécifiques

Comparer des nombres, les sérier (ordre croissant).
Aborder la notion de « rang » : aspect ordinal.

Matériel à prévoir

Éventuellement, des billes ; le matériel concret de comptage : marrons, jetons, ...

Déroulement

Préparation

- Introduire en ses propres termes le sujet de la situation **sans la dévoiler** : le jeu de billes.
- Demander aux enfants de s'exprimer quant au jeu de billes : ce qu'ils en connaissent, les différentes règles de jeu, ...
- Faire découvrir l'illustration et laisser les enfants observer la situation-problème selon les principes de la lecture dynamique.
- Demander aux enfants ce qu'ils observent et quel est le problème.
- Faire expliciter les consignes et s'assurer de la compréhension de chacun.

CONSIGNES
1. Qui a le plus de billes ?
2. Fais le classement.
DÉPASSEMENT
3. Invente un problème du même type et demande à un ami de le résoudre.

Réalisation

- Consigne 1. Inviter les enfants à travailler individuellement.
- Recherche et résolution de la consigne 1.
- Consigne 2. Recherche et résolution.
- Les encourager à utiliser du matériel concret pour vérifier leurs solutions.
- Comparaison des résultats par mise en commun à deux.
- Argumentation au sujet de chaque solution.
- Mise en commun collective. Discussion.

Formalisation

- Attirer l'attention des enfants sur le fait que les nombres sont placés en ordre décroissant. Les inviter à déterminer la consigne qui demanderait d'inverser ce classement.
- Représenter le classement en utilisant les symboles $<$, $>$.
- Prendre conscience que certains problèmes peuvent avoir plusieurs interprétations et donc plusieurs solutions (interprétation de la collection de Leila).

Dépassement

Pour les enfants ayant résolu rapidement le problème (ou pour qui la situation ne pose pas problème), proposer de résoudre la consigne 3.

Piste d'interdisciplinarité

Les différents jeux de billes : enquête auprès des parents et des grands-parents, historique des différentes règles, décrire différents jeux, ...

Exercices

1. Complète ces sacs par un nombre croissant de billes.
2. Qui a le plus de billes ? Range les enfants de 1 à 6.
3. Dessine les sacs de billes. Ordonne-les du plus petit au plus grand.

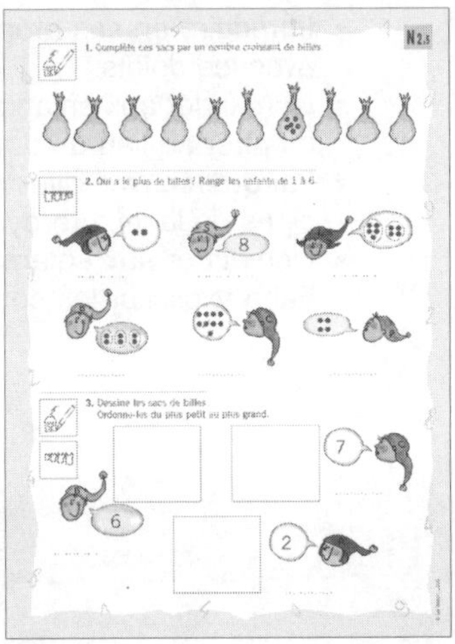

Exercices supplémentaires

Banque d'exercices

A. Exercices « matière »

N2	p. 11	n° 6-10
	p. 12	n° 2
	p. 13-14	n° 5-7
	p. 15-16	n° 4-6
	p. 17-18	n° 5-8-9
	p. 20	n° 6
	p. 21-29	n° 5, 6, 8, 9, 10, 11, 12
	p. 25	n° 4 à 7

B. Boîte à outils

B4 p. 10-11 n° 1 à 8

N2.6

NOMBRES

Palier 2 Les nombres de 0 à 9

Situation-Problème 6 ***De mille façons***

Structuration	Représentation	Mise en œuvre	**Intégration**	Évaluation

Description

Un petit exemple : 4 doigts d'une main et 2 doigts de l'autre pour illustrer 6.
Montre 6 avec les doigts de tes mains de plusieurs manières différentes et dessine-les.
Fais de même avec les nombres 7, 8 et 9.

Caractéristique de la situation

La difficulté de la situation réside dans le fait de découvrir toutes les solutions possibles et de les reconnaître comme équivalentes.

Objectifs spécifiques

Décomposer les nombres 7, 8 et 9.
Symboliser ces nombres et ces décompositions en faisant apparaître la différence entre « 4 + 3 » et « 3 + 4 ».

Matériel à prévoir

Du papier.

Déroulement

Préparation

- Introduire en ses propres termes le sujet de la situation **sans la dévoiler** : montrer des nombres avec les doigts.
- Demander aux enfants de s'exprimer quant à ce type de situation : quand est-ce indispensable de montrer au lieu de dire ?
- Faire découvrir l'illustration et laisser les enfants observer la situation-problème selon les principes de la lecture dynamique.
- Demander aux enfants ce qu'ils observent et quel est le problème.
- Faire expliciter les consignes et s'assurer de la compréhension de chacun.

CONSIGNES

1. Montre 6 avec les doigts de tes mains de plusieurs manières différentes.
2. Dessine toutes les solutions. (Il existe 5 possibilités)
3. Fais de même avec 7, 8 et 9.

DÉPASSEMENT

4. Combien de possibilités différentes existe-t-il de montrer chaque nombre de 0 à 9 ?

Réalisation

- Consigne 1. Répartir les enfants en équipes de deux.
- Recherche et exploration des différentes possibilités pour la résolution de la consigne 1.
- Attirer l'attention des enfants sur la nécessité de garder une trace des différentes solutions envisagées : consigne 2.
- Les inviter à vérifier leurs solutions.
- Mise en commun ; discussion sur la stratégie développée pour trouver TOUTES les solutions.
- Consigne 3. Recherche et résolution individuelles.
- Mise en commun.

Formalisation

- Établir une synthèse des différentes décompositions des nombres 6, 7, 8 et 9.

Dépassement

Pour les enfants ayant résolu rapidement le problème (ou pour qui la situation ne pose pas problème), proposer de résoudre la consigne 4.

Piste d'interdisciplinarité

- Attirer l'attention des enfants sur l'importance de travailler avec ordre et précision, de réfléchir avant d'agir, de comparer leur démarche avec celle des autres.
- Découvrir l'existence et l'utilité du langage des signes. Le monde des malentendants.

Exercices

1. Montre 7 avec deux dés de trois manières différentes. (On peut aussi augmenter la difficulté en demandant 6 possibilités différentes ou augmenter le nombre de dés.)
2. Deux enfants ont ensemble 4 billes. Complète les sacs de billes de 3 manières différentes.
3. Comment peux-tu montrer 0 ? Dessine-le.

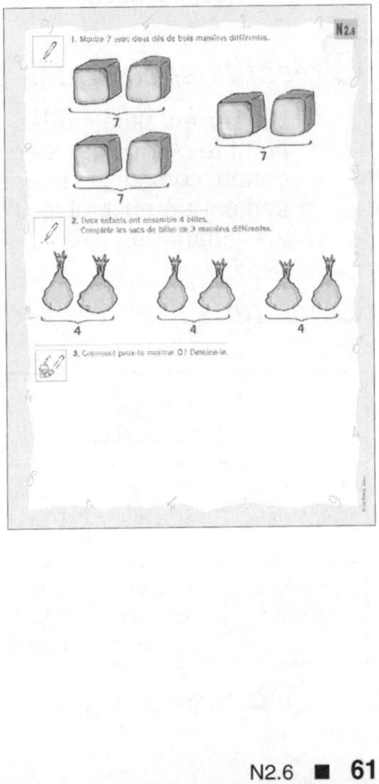

Exercices supplémentaires

Banque d'exercices

A. Exercices « matière »

N2	p. 12	n° 1, 3, 4
	p. 15-16	n° 3, 5, 7
	p. 19-20	n° 1, 3, 5, 7
	p. 23-24	n° 2, 4, 6, 7

N2.7 NOMBRES

Palier 2 Les nombres de 0 à 9

Situation-Problème 7 *Le jeu de cartes*

Structuration	Représentation	Mise en œuvre	Intégration	**Évaluation**

Description

Une série de 15 cartes à jouer dont 5 sont fausses c'est-à-dire que l'illustration ne correspond pas au nombre : le 7 de cœur comporte 8 cœurs, le 9 de pique a le 9 écrit à l'envers, le 6 de trèfle comporte un « pique », le 5 de carreau comporte 4 carreaux, le 9 de cœur comporte 8 cœurs. Parmi les 10 autres cartes, aucun 8.

Un tricheur a caché 5 fausses cartes dans le jeu.
Trouve-les.
Dessine les bonnes cartes.

Caractéristique de la situation

La situation demande à l'enfant d'associer l'écriture du nombre avec sa représentation concrète. Pour ce faire, il doit avoir une image mentale du nombre et vérifier par comptage lorsque la représentation lui semble fausse. Des qualités d'observation fine sont également suscitées par l'écriture à l'envers de nombre, un « pique » au lieu d'un « trèfle », une carte comportant 4 carreaux.
Enfin, l'enfant devra recomposer les cartes correctes et corriger ainsi les « erreurs » en composant les bonnes représentations des nombres.

Objectifs spécifiques

Utiliser en situation les compositions et les comparaisons de nombres de 0 à 9 : lire et écrire les nombres de 0 à 9, identifier le cardinal d'un ensemble, construire un ensemble dont le cardinal est connu, compléter un ensemble en fonction du cardinal, composer et décomposer un nombre représentant un ensemble d'éléments, utiliser les termes : « il y a plus de ... », « il y a moins de ... », « il y a autant de ... ».

Caractérisation du problème d'évaluation

Variables d'identification			**Variables mathé-matiques**	**Variables d'habillage**				
Répertoire cognitif	Produit attendu	Niveau d'ouverture	Opérations mises en œuvre	Présentation du problème	Place de la question	Ordre de présentation des données	Existence de données parasites	Cadre
problème numérique	*des nombres des choix à poser*	*fermé ouvert pour la question 7*	*voir les objectifs spécifiques*	*énoncé écrit et dessin*	*en fin d'énoncé*	*dans l'ordre d'utilisation*	*au moins une donnée parasite*	*vie quotidienne*

Tome 2. Pages 181-199.

Des situations pour s'exercer

– **Les extra-terrestres :** Illustration de personnages dont les doigts et les orteils sont visibles. Retrouver les extra-terrestres c'est-à-dire ceux qui ont plus ou moins de dix doigts ou orteils.

– **Un accident** : Mon classeur est tombé, toutes les 10 feuilles qui s'y trouvaient sont tombées. Il faut les remettre dans l'ordre et compléter. Certaines feuilles ont un numéro, d'autres ont une repésentation semi-concrète de chaque nombre.

– **Le jeu de cartes** : Ranger un jeu de cartes et déterminer quelles cartes manquen. Ranger les cartes de 1 à 10 par couleur, une ou deux cartes manquent, éventuellement une carte d'un autre jeu (deux fois la même carte), ...

Déroulement

Préparation

- Introduire en ses propres termes le sujet de la situation **sans la dévoiler :** un tricheur a changé des cartes.
- Demander aux enfants de s'exprimer quant à ce type de situation : avez-vous déjà joué aux cartes ? quel jeu avez-vous déjà pratiqué ? avez-vous déjà triché aux cartes ? comment ?
- Observer un jeu de cartes tous ensemble pour l'écriture des nombres.
- Faire découvrir l'illustration et laisser les enfants observer la situation-problème selon les principes de la lecture dynamique.
- Demander aux enfants ce qu'ils observent, quel est le problème quelle pourrait être la tâche à réaliser.
- Expliciter les consignes et s'assurer de la compréhension de chacun.

> CONSIGNES
>
> Le professeur posera une à une les questions reprises ci-dessous.

Réalisation

Les enfants répondront **individuellement** et par écrit sur la feuille prévue à cet effet au verso de la situation-problème.
Le professeur corrigera ultérieurement les réponses des élèves.
Une fois les questions posées et l'évaluation achevée, les enfants peuvent résoudre la situation-problème en équipes.

Questions d'évaluation (correctif)

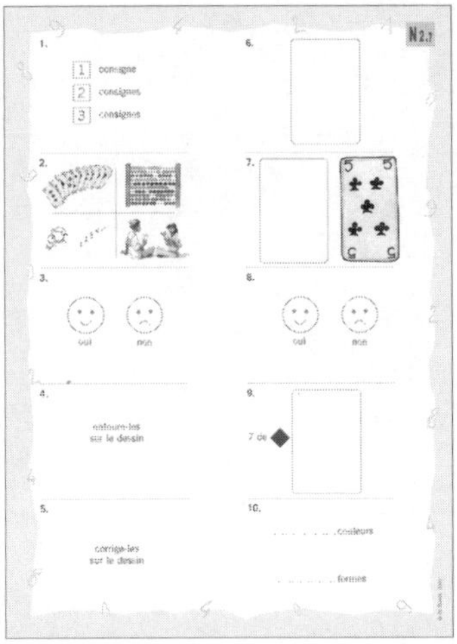

1. Entoure la bonne réponse :
   – Il y a une consigne à réaliser.
   – Il y a deux consignes à réaliser. (X)
   – Il y a trois consignes à réaliser.
2. Entoure la bonne réponse :
   pour répondre, j'ai besoin :
   – d'un jeu de cartes (éventuellement, pour comparer).
   – d'un boulier.
   – de bien observer et bien compter. (X)
   – de jouer aux cartes.
3. Je connaîtrai le tricheur quand j'aurai résolu le problème. Oui – Non. (Non)
4. Trouve les 5 « fausses » cartes et entoure-les. (6 trèfle, 7 cœur, 9 pique, 5 carreau, 9 cœur)
5. Corrige les 5 fausses cartes. (À faire sur le dessin en corrigeant le nombre d'éléments.)
6. Dessine une carte au choix puis représente un huit.
7. Dessine une carte plus grande que le 5 de trèfle. (Carte 6, 7, 8, 9 ou 10 ...ou as, roi, dame, valet)

8. Sophie prétend qu'il ne manque que 3 cartes pour que le jeu soit complet. A-t-elle raison ? (Non)
9. Sans modèle, dessine la carte du 7 de carreau.
10. Un jeu de cartes normal compte combien de couleurs différentes ? (2)
combien de formes différentes ? (4)

Grille des critères

Critère 1 **Interprétation**	Critère 2 **Résolution**	Critère 3 **Cohérence**	Critère 4 **Précision**	Critère 5 **Production**
Q. 1, 2, 3	Q. 4, 5, 6	Q. 4, 5, 8	Q. 5, 7, 9	Q. 7, 9, 10
/3	/3	/3	/3	/3

Nous préconisons un seuil d'acquisition de 2/3 pour chaque critère. En cas de non acquisition, se reporter à la banque d'exercices en fonction du (des) critère(s) : partie **A**, pour la résolution de problèmes, et partie **C** pour les critères 1, 3 et 4.

Évaluation uniquement « matière »

La situation-problème évalue l'acquisition de la compétence. Pour une évaluation des contenus, des objectifs spécifiques, se reporter à l'évaluation uniquement « **matière** » **N2** dans la banque d'exercices (partie **E**).

N3.1 NOMBRES

Palier 3 Les nombres de 0 à 20

Situation-Problème 1 ***Jouons au facteur***

Structuration	Représentation	Mise en œuvre	Intégration	Évaluation

Description

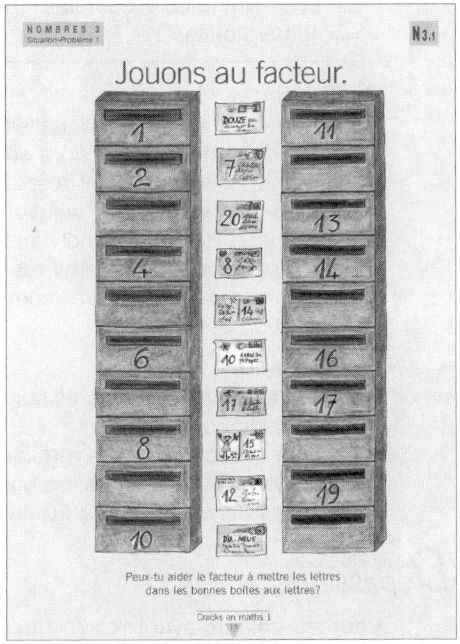

Dans une entrée d'immeuble, une série de boîtes aux lettres numérotées sur deux colonnes verticales : de 1 à 10 et de 11 à 20.
Malheureusement, certains chiffres sont tombés, ils manquent.
Dix enveloppes sont à mettre dans les bonnes boîtes aux lettres. Parfois deux lettres pour la même boîte : 7, 8, 10, 12, douze, 14, 15, 17, dix-neuf, 20.
Peux-tu aider le facteur à mettre les lettres dans les bonnes boîtes aux lettres ?

Caractéristiques de la situation

Dans cette situation, les enfants sont en contact avec des nombres plus grands que neuf, avec des nombres à deux chiffres, ce qui va leur poser problème. Pour s'en sortir, plusieurs prises de conscience sont à réaliser : tout d'abord, ils vont devoir trouver la correspondance entre le nom d'un nombre et son symbole numérique (les enfants de cet âge sont tout à fait capables de réciter la suite des nombres jusque et au-delà de 20 en une litanie). Ensuite, ils vont devoir construire un nombre à deux chiffres et découvrir ainsi notre système de numération de position.
Deux enveloppes sont libellées en lettres (et non en chiffres), ce qui constituera un exercice de lecture des nombres qui pourra être amplifié si le contexte et les compétences en lecture s'y prêtent. Les enfants peuvent évidemment s'aider d'un référentiel, d'un dictionnaire type « Eurêka » ou demander de l'aide à ce propos.

Tome 1. Page 130.

Objectifs spécifiques

Identifier les nombres de 0 à 20.
Les lire sous forme de chiffres et de lettres.

Matériel à prévoir

Il serait utile de disposer de l'illustration en deux exemplaires afin de pouvoir découper les lettres.

Déroulement

Préparation

- Introduire en ses propres termes le sujet de la situation **sans la dévoiler** : quel est le travail du facteur ? quelles sont les principales difficultés qu'il peut rencontrer ?
- Demander aux enfants de s'exprimer quant à ce type de situation : avez-vous déjà distribué du courrier ? Comment lit-on une enveloppe ?

- Faire découvrir l'illustration et laisser les enfants observer la situation-problème selon les principes de la lecture dynamique.
- Demander aux enfants ce qu'ils observent et quel est le problème.
- Faire expliciter les consignes et s'assurer de la compréhension de chacun.

CONSIGNES

1. Numérote les boîtes aux lettres qui ont perdu leurs numéros.
2. Peux-tu aider le facteur à mettre les lettres dans les bonnes boîtes aux lettres ?

DÉPASSEMENT

3. Et si l'immeuble comptait 10 boîtes aux lettres supplémentaires ? Dessine les boîtes et numérote-les.

Réalisation

- Première recherche individuelle : leur demander de réciter la suite des nombres qu'ils connaissent et de tenter de les écrire sur les boîtes aux lettres.
- Consigne 1. Recherche et résolution individuelles.
- Essais – tâtonnements – solution.
- Consigne 2. Recherche individuelle.
- Mise en commun des premières recherches en équipes de deux.
- Mise en commun générale : communication des résultats, vérification, justifications.
- Vérification et correction.

Formalisation

- Attirer l'attention des enfants sur l'importance de se rappeler ce que l'on sait déjà pour apprendre des choses nouvelles.
- Prendre conscience de la régularité dans la construction de la suite des nombres : découverte de notre système de numération en base dix.
- Écrire les nombres de 0 à 20 en lettres et en chiffres à titre référentiel.

Dépassement

Pour les enfants ayant résolu rapidement le problème (ou pour qui la situation ne pose pas problème), proposer de résoudre la consigne 3.

Piste d'interdisciplinarité

Découvrir le métier de FACTEUR : ses horaires, ses responsabilités.
Utiliser la notion de tri.

Exercices

1. Voici des enveloppes. Écris une croix en-dessous du onze ; un point en-dessous du dix-huit. Entoure le treize (Consignes orales).
2. Range ces enveloppes du plus petit au plus grand numéro.
3. Comment pourrait-on ranger autrement les boîtes aux lettres de cet immeuble ? Dessine.

Exercices supplémentaires

Banque d'exercices

A. Exercices « matière »

N3	p. 29-30	n° 1
	p. 33-34	n° 1, 5
	p. 35-37	n° 2, 3, 5, 6
	p. 40-41	n° 4
	p. 42-43	n° 1, 3, 7
	p. 46-47	n° 2, 3

N3.2

NOMBRES

Palier 3 Les nombres de 0 à 20

Situation-Problème 2 **Quel bouquet !**

Structuration	**Représentation**	Mise en œuvre	Intégration	Évaluation

Description

Bricolage en classe : Dans la pièce, des pétales de fleurs sont disséminés. On peut remarquer qu'il y a cinq « paquets » de pétales. La fenêtre est ouverte : tout s'est envolé. Les fleurs sont réalisées par collage, ce qui explique qu'elles soient toutes identiques : 10 pétales par fleur. D'ailleurs, on peut observer un modèle au tableau.
Paquet 1 : 14 pétales épars ; paquet 2 : 2 fleurs complètes de 10 pétales chacune ; paquet 3 :12 pétales épars ; paquet 4 : 1 fleur complète de 10 pétales et un pétale tout seul ; paquet 5 :13 pétales épars.
Le vent m'a joué un vilain tour. Peux-tu m'aider à recomposer mon bouquet ? De combien de fleurs est-il composé ?

Caractéristique de la situation

La situation aborde la notion de dizaine et de groupement en base dix. L'enfant devra grouper les pétales de manière régulière jusqu'à ce qu'il n'y en ait plus. Après avoir compté les pétales et groupés ceux-ci en fleurs, l'enfant devra encore compter combien de groupes de dix éléments il a constitué ; ici, combien de fleurs de dix pétales il a composé.
Il nous semble très important que l'enfant puisse manipuler, compter concrètement les dix pétales, composer les fleurs afin de bien intégrer cette notion de base de tout notre système de numération : plus tard, lorsqu'il devra faire des additions avec passage à la dizaine supérieure, peut-être se raccrochera-t-il à cette image des pétales et des fleurs.
Au départ de la situation, le groupement par dix n'apparaît pas clairement, le vent a éparpillé les pétales, la tâche de l'enfant sera de rassembler des groupes de dix pétales et ainsi reconstituer une fleur à la fois.
On peut se poser la question du pourquoi le groupement par dix dans notre système de numération. En effet, une petite base (2 ou 3) simplifie le groupement mais alourdit fort l'écriture ; une grande base (16, 20) est aisée à écrire mais nécessite un grand nombre de symboles. Il est probable que ce soit à cause du nombre de doigts des deux mains que le groupement moyen par dix ait été choisi.

Tome 1. Page 129.

Objectifs spécifiques

Décomposer le nombre 10.
Symboliser les décompositions.

Matériel à prévoir

Composer une feuille sur laquelle des pétales ainsi que des tiges avec leur cœur sont dessinés. Les enfants pourront ainsi les découper. Ne pas prévoir le nombre « juste » de pétales afin que l'enfant se base sur la situation dessinée et non sur la photocopie.
Colle, ciseaux.
Tout le matériel concret de comptage : jetons, marrons, ...

Déroulement

Préparation

- Introduire en ses propres termes le sujet de la situation **sans la dévoiler :** réaliser un bricolage en classe.
- Demander aux enfants de s'exprimer quant à ce type de situation : aimez-vous le bricolage ? qu'avez-vous déjà réalisé ?
- Faire découvrir l'illustration et laisser les enfants observer la situation-problème selon les principes de la lecture dynamique.
- Demander aux enfants ce qu'ils observent, quel est le problème, ce qui s'est passé.
- Faire expliciter les consignes et s'assurer de la compréhension de chacun.

CONSIGNES

1. Peux-tu aider à recomposer le bouquet ? Regroupe les pétales.
2. De combien de fleurs le bouquet est-il composé ?

DÉPASSEMENT

3. De combien de pétales le bouquet est composé ? Peux-tu écrire ce nombre ?

Réalisation

- Consigne 1 : recherche individuelle : essais, vérifications.
- Mise en commun par petits groupes (2 à 4 enfants) : comparaison des solutions, recours au matériel concret, justification des solutions.
- Consigne 2. Recherche et comptages par équipes de deux.
- Mise en commun collective : communication, vérification, discussion.

Formalisation

- Prendre conscience de l'importance de procéder par étapes :
  1. Identifier la base de groupement.
  2. Grouper les éléments en fonction de la base.
  3. Compter le nombre de groupes formés.
  4. Compter les éléments isolés restants.
  5. Noter le résultat.
- Demander aux enfants de trouver une manière d'écrire leur résultat : nombre de fleurs complètes, nombre de pétales restants.

Dépassement

Pour les enfants ayant résolu rapidement le problème (ou pour qui la situation ne pose pas problème), proposer de résoudre la consigne 3 : ce qui demandera d'écrire un nombre > 20.

Piste d'interdisciplinarité

Réalisation du collage et composition de bouquets de fleurs découpées. Varier les fleurs.

Exercices

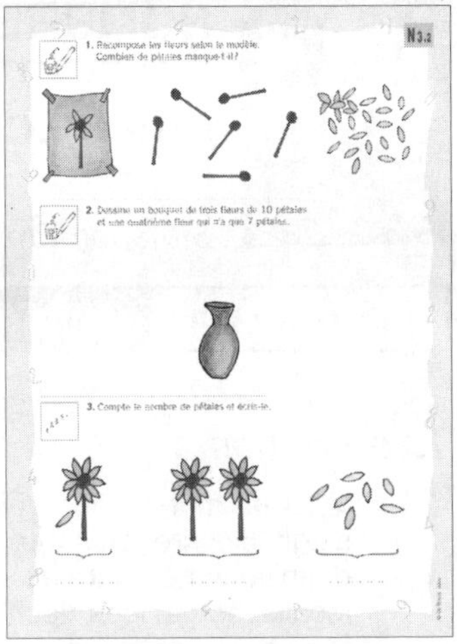

1. Recompose les fleurs selon le modèle. Combien de pétales manque-t-il ?
2. Dessine un bouquet de trois fleurs de 10 pétales et une quatrième fleur qui n'a que 7 pétales.
3. Compte le nombre de pétales et écris-le.

Exercices supplémentaires

Banque d'exercices

A. Exercices « matière »
N3 p. 27-28 n° 1 à 6

Palier 3 Les nombres de 0 à 20

Situation-Problème 3 **Les chiffres croisés**

Description

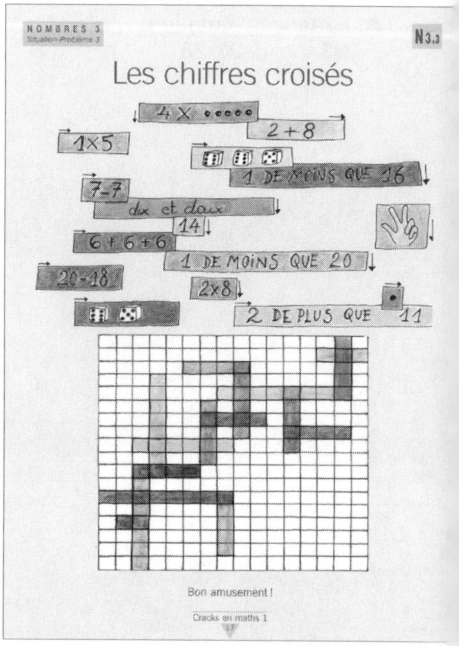

Voici un mot-croisé avec le nom des nombres, qu'il s'agit d'écrire en toutes lettres dans la grille. Les définitions ne sont pas numérotées (1 vertical) mais localisées par des flèches et des couleurs afin d'en faciliter l'identification.
Définitions : 4 fois 5 points groupés ; 2 + 8 ; 1 × 5 ; trois dés : 6, 6, 5 ; un de moins que 16 ; 7 – 7 ; dix et deux (10) + (2) ; 14 ; 6 + 6 + 6 ; un de moins que 20 ; 20 – 18 ; 2 × 8 ; trois montré avec les doigts ; deux dés : 6 et 5 ; un point ; deux de plus que 11.
Bon amusement !

Caractéristiques de la situation

La situation est problématique pour les enfants à bien des points de vue : d'abord, il s'agit d'identifier le nombre sous diverses représentations concrètes, semi-concrètes et abstraites. Ensuite, il s'agit d'écrire des nombres en toutes lettres. Enfin, il s'agit de se repérer dans le quadrillage particulier de ce « chiffres-croisés » : sens des flèches, couleurs, écriture verticale et horizontale. Cette activité est intéressante à réaliser en groupe vertical 5-8 : les « grands » pourront aider à orthographier correctement les nombres, les plus jeunes apprendront à identifier les représentations des nombres. Le manuel de fixation sera une aide pour la résolution de la situation tant pour l'écriture que pour l'orthographe des nombres. Mais il faudrait que l'enfant y recoure de sa propre initiative afin que cette démarche de recherche d'information soit personnelle et spontanée et non dirigée, voire imposée par l'adulte. Pour ce faire, il faut que règne au sein de la classe un climat de confiance et un libre recours à toute information, tout matériel.

Tome 1. Page 147.

Objectifs spécifiques

Lire et écrire les nombres de 0 à 20.
Identifier les nombres de 0 à 20 sous différentes symbolisations.

Matériel à prévoir

Dictionnaire du style « Eurêka » ou recours au manuel de fixation qui contient le nom des nombres écrits.

Déroulement

Préparation

- Introduire en ses propres termes le sujet de la situation **sans la dévoiler :** réaliser un mot-croisé.
- Demander aux enfants de s'exprimer quant à ce type de situation : avez-vous déjà fait ou vu faire un mot-croisé ? Comment écrit-on dans un mot-croisé ? Comment sait-on ce que l'on doit écrire ?
- Faire découvrir l'illustration et laisser les enfants observer la situation-problème selon les principes de la lecture dynamique.
- Demander aux enfants ce qu'ils observent, quel est le problème.
- Faire expliciter les consignes et s'assurer de la compréhension de chacun.
- Montrer à l'aide d'exemples comment fonctionne ce « chiffres-croisés ».

> CONSIGNES
>
> 1. Remplis la grille avec le nom des nombres représentés.
>
> DÉPASSEMENT
>
> 2. Complète la grille et les définitions avec d'autres nombres.

Réalisation

- En équipe verticale 5-8, lecture et appropriation de la situation.
- Consigne 1. Recherche en équipes.
- Mise en commun collective après une dizaine de minutes de recherche afin de mettre en évidence une organisation de groupe pour un travail efficace.
- Travail de groupe organisé. Chacun joue un rôle : recherche du nombre, écriture du nombre, vérification de l'orthographe, localisation du nombre, ...
- Mise en commun. Communication et vérification.

Formalisation

- Prendre conscience de la richesse du travail de groupe. Chacun apporte quelque chose ; en expliquant mes hypothèses aux autres, je les clarifie ; en écoutant les hypothèses des autres, d'autres idées me viennent à l'esprit, de même en comparant nos solutions et en les justifiant.
- Synthèse de l'écriture des nombres de 0 à 20 en chiffres et en lettres.

Dépassement

Pour les enfants ayant résolu rapidement le problème (ou pour qui la situation ne pose pas problème), proposer de résoudre la consigne 2.

Piste d'interdisciplinarité

Réaliser un mots-croisés classique.

Exercices

1. Écris en lettres.
   3 X ... (3 points)
   deux dés : quatre et trois.
   2 de moins que 22.
2. Barre les intrus.
   EZIES-ONZE-TREIZE-EZUOD-DIS-QUATRORZE-QUINZE.
3. Écris autrement.
   dix-sept.
   9.

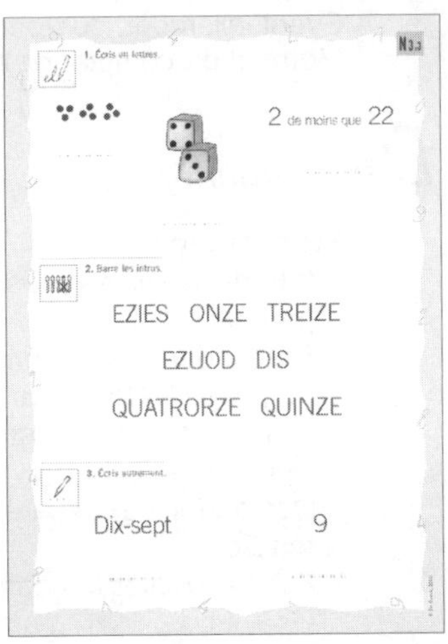

N3.4

NOMBRES

Palier 3 Les nombres de 0 à 20

Situation-Problème 4 ***Un joli collier de perles***

Structuration | Représentation | **Mise en œuvre** | Intégration | Évaluation

NOMBRES 3
Situation-Problème 4
N3.4

Un joli collier de perles

	EXEMPLE	A	B	C	D	À Toi
PERLES ROUGES	10	12	7	14	15	
PERLES BLEUES	9	17	16	2	13	
PERLES VERTES	11	10	7	18	19	

Réalise ces jolis colliers.

Cracks en maths 1
18

Description

Un petit tableau à lire et un collier réalisé à titre d'exemple.
Prévoir la place pour que les enfants puissent dessiner leurs 5 colliers.
Réalise ces jolis colliers.

Caractéristiques de la situation

Les enfants ont ici à composer des nombres à l'aide d'un matériel semi-concret, ce qui les mènera à faire des comptages. Pour le dernier collier, les enfants doivent déterminer eux-mêmes le nombre de perles de chaque couleur ; libre à eux de commencer par compléter le tableau ou par réaliser le collier.
Par cette situation, les enfants manipulent un grand nombre de perles (> 20) mais ils ne doivent absolument pas les énumérer, les compter, les totaliser toutes.

Objectifs spécifiques

Composer des ensembles dont le cardinal est compris entre 0 et 20.

Matériel à prévoir

Du papier pour pouvoir réaliser ses colliers au brouillon, des marqueurs de couleurs.
Éventuellement, des perles des trois couleurs afin de pouvoir réaliser les colliers concrètement.
Matériel de comptage : marrons, jetons, ...

Déroulement

Préparation

- Introduire en ses propres termes le sujet de la situation **sans la dévoiler :** composer un collier de perles.
- Demander aux enfants de s'exprimer quant à ce type de situation : avez-vous déjà fait un collier de perles ? Comment avez-vous fait pour allier plusieurs couleurs ?
- Faire découvrir l'illustration et laisser les enfants observer la situation-problème selon les principes de la lecture dynamique.
- Demander aux enfants ce qu'ils observent, quel est le problème quelle pourrait être la tâche à réaliser.
- Faire expliciter les consignes et s'assurer de la compréhension de chacun.

CONSIGNES

1. Réalise ces jolis colliers (colliers A, B, C et D).
2. Invente un joli collier et complète le tableau.

DÉPASSEMENT

3. Réalise le collier suivant : 3 fois 4 perles rouges, 2 fois 5 perles vertes et 4 fois 3 perles bleues.

Réalisation

- Consigne 1. Recherche individuelle et réalisation des colliers A, B, C et D.
- Insister sur la possibilité d'utiliser du matériel concret pour réaliser la tâche.
- Mise en commun – communication et vérification.
- Consigne 2. Recherche et réalisation individuelle.
- Mise en commun et comparaison des colliers.

Formalisation

- Prendre conscience de l'importance d'utiliser du matériel concret pour trouver le résultat et/ou vérifier le résultat.
- Prendre conscience de l'importance de réfléchir AVANT de faire ; réfléchir à ce qu'on me demande, au matériel dont j'ai besoin, à une façon de procéder.

Dépassement

Pour les enfants ayant résolu rapidement le problème (ou pour qui la situation ne pose pas problème), proposer de résoudre la consigne 3.

Piste d'interdisciplinarité

Réaliser un joli collier de perles.

Exercices

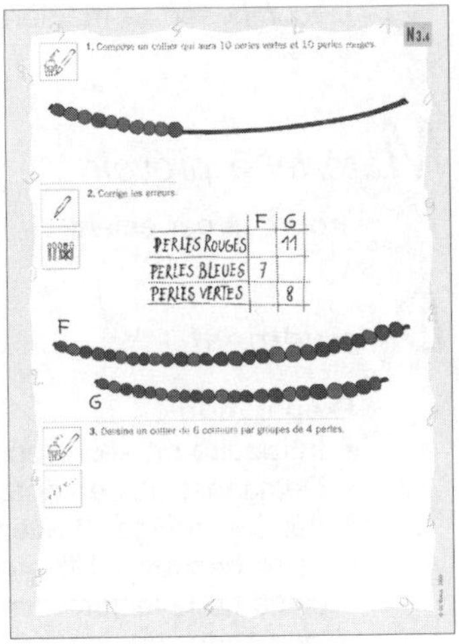

1. Compose un collier qui aura 10 perles vertes et 10 perles rouges.
2. Corrige les erreurs. Comparer les colliers et un tableau.
3. Dessine un collier de 6 couleurs par groupe de 4 perles. De combien de perles auras-tu besoin pour le réaliser ?

Exercices supplémentaires

Banque d'exercices

A. Exercices « matière »

N3	p. 29-30	n° 2
	p. 31-32	n° 4
	p. 33-34	n° 2
	p. 35-37	n° 1, 7, 8
	p. 38-39	n° 3, 7, 8
	p. 40-41	n° 2, 3
	p. 44-45	n° 1
	p. 46-47	n° 4
	p. 48-49	n° 3, 4, 6

N3.5 NOMBRES

Palier 3 Les nombres de 0 à 20

Situation-Problème 5 *Jeu de dés*

Structuration	Représentation	**Mise en œuvre**	Intégration	Évaluation

Description

Présenter trois manières de composer 10 avec trois dés : 3, 3, 4-2, 2, 6-1, 3, 6.
Peux-tu trouver 3 manières différentes de composer 15 avec 3 dés ?
De même avec 11, 17, 9 et 20.

Caractéristiques de la situation

Il s'agit ici de composer des nombres donnés avec un matériel précis et structuré en base 6 : les dés. La difficulté de la situation réside en partie dans son ouverture : en effet, il existe beaucoup de possibilités différentes de solutions, l'enfant devra faire preuve de confiance en lui pour résoudre la tâche. De plus, une partie de l'énoncé est impossible : former 20 avec 3 dés. A l'enfant de le découvrir.

Objectifs spécifiques

Décomposer de manière additive les nombres de 0 à 20.

Matériel à prévoir

Trois dés par enfant.

Déroulement

Préparation

- Introduire en ses propres termes le sujet de la situation **sans la dévoiler :** jouer avec des dés.
- Demander aux enfants de s'exprimer quant à ce type de situation : avez-vous déjà joué avec des dés ? à quel jeu ? avez-vous déjà observé un dé ? est-il toujours composé de la même façon ?
- Faire découvrir l'illustration et laisser les enfants observer la situation-problème selon les principes de la lecture dynamique.
- Demander aux enfants ce qu'ils observent, quel est le problème quelle pourrait être la tâche à réaliser.
- Faire expliciter les consignes et s'assurer de la compréhension de chacun.

CONSIGNES

1. Trouve 3 manières différentes de composer 15 avec 3 dés.
2. Fais de même pour 11, 17, 9 et 20.

DÉPASSEMENT

3. De combien de dés as-tu besoin pour composer 20 ?
   Quel est le plus grand et le plus petit nombre que tu peux composer avec 5 dés ?

Réalisation
- Consigne 1. Recherche individuelle avec du matériel concret : des dés.
- Mise en commun collective au sujet de la stratégie mise en place pour trouver la solution - discussion.
- Consigne 2. Recherche individuelle plus organisée.
- Solution et vérification.
- Mise en commun : communication et justification.

Formalisation
- Prendre conscience de l'importance de pouvoir travailler de manière individuelle : partage de ce qui me plaît quand je travaille seul(e), ce qui ne me plaît pas, ce qui me paraît difficile, facile, ... Insister sur la confiance en soi et le droit à l'erreur.
- Prendre conscience de l'importance de prendre le temps d'établir une stratégie pour arriver à résoudre une situation comme celle-ci.

Dépassement

Pour les enfants ayant résolu rapidement le problème (ou pour qui la situation ne pose pas problème), proposer de résoudre la consigne 3.

Piste d'interdisciplinarité

Réaliser un dé en carton.
Jeu de Yahtzé (simplifié).

Exercices

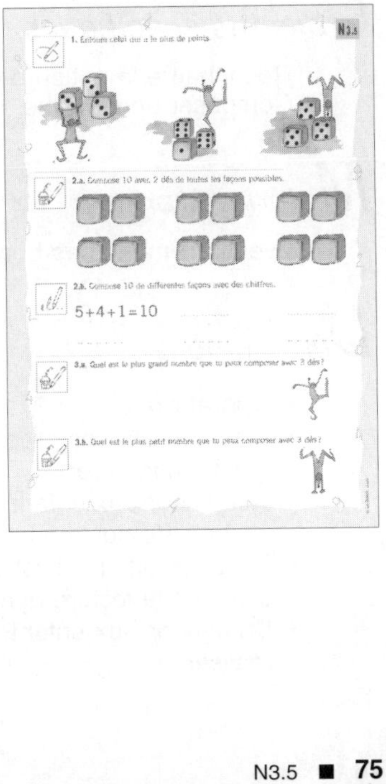

1. Entoure celui qu a le plus de points.
2. Compose 10 avec 2 dés de toutes les façons possibles.
   Compose 10 de différentes façons avec des chiffres.
3. Quel est le plus grand nombre que tu peux composer avec 3 dés ?
   Quel est le plus petit nombre que tu peux composer avec 3 dés ?

Exercices supplémentaires

Banque d'exercices

A. Exercices « matière »

N3	p. 29-30	n° 3, 4, 5
	p. 31-32	n° 1, 2, 3, 5
	p. 33-34	n° 3, 4, 6
	p. 35-37	n° 4
	p. 38-39	n° 1, 2, 6
	p. 40-41	n° 1, 5, 6, 7, 8
	p. 42-43	n° 2, 4, 5, 6
	p. 44-45	n° 2, 3, 4, 5
	p. 46-47	n° 1, 5
	p. 48-49	n° 1, 2, 5

N3.6 NOMBRES

Palier 3 Les nombres de 0 à 20

Situation-Problème 6 *C'est bon les bonbons !*

Structuration	Représentation	Mise en œuvre	**Intégration**	Évaluation

Description

Quatre sachets vides de bonbons.
Sur le premier, une étiquette indique « une dizaine = ... bonbons » ; sur le deuxième, « une douzaine = ... bonbons » ; sur le troisième « une quinzaine = ... bonbons » ; sur le quatrième « une vingtaine = ... bonbons ».
Dessine les bonbons dans chaque sachet.
Lequel choisirais-tu pour toi ? Pourquoi ?

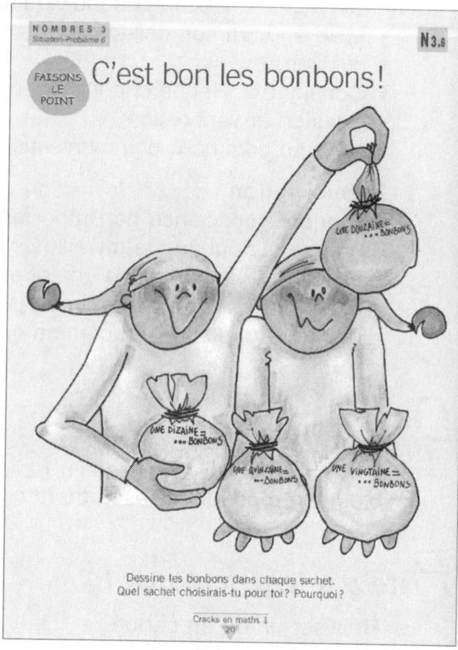

Caractéristiques de la situation

La situation vise à réinvestir la notion de groupement (base de notre système de numération). Le groupement en base dix apparaît ici comme un choix parmi d'autres puisque même notre vocabulaire est ouvert à d'autres bases. La consigne de dépassement sera peut-être difficile d'accès aux enfants n'ayant jamais auparavant abordé les différentes bases, néanmoins, les enfants ont souvent bien plus de facilité que les adultes à entrer dans la logique d'autres bases de numération.

Objectifs spécifiques

Reconnaître la notion de dizaine, douzaine, quinzaine et vingtaine.
Composer une dizaine, une douzaine, une quinzaine et une vingtaine.

Matériel à prévoir

Éventuellement, des bonbons.

Déroulement

Préparation

- Introduire en ses propres termes le sujet de la situation **sans la dévoiler :** des sachets de bonbons à comparer.
- Demander aux enfants de s'exprimer quant à ce type de situation : avez-vous déjà comparé des sachets de bonbons pour déterminer lequel en contenait le plus ?
- Faire découvrir l'illustration et laisser les enfants observer la situation-problème selon les principes de la lecture dynamique.
- Demander aux enfants ce qu'ils observent, quel est le problème, quelle pourrait être la tâche à réaliser.

- S'assurer qu'ils ont tous une notion plus ou moins précise de ce que recouvre le terme de « dizaine ».
- Faire expliciter les consignes et s'assurer de la compréhension de chacun.

> CONSIGNES
>
> 1. Dessine les bonbons dans chaque sachet.
> 2. Combien de bonbons y a-t-il dans chaque sachet ?
> 3. Quel sachet choisirais-tu pour toi ? Pourquoi ?
>
> DÉPASSEMENT
>
> 4. À ton avis, d'où vient le nom du chiffre 80 ?

Réalisation
- Consignes 1 et 2. Les inviter à réfléchir en petites équipes de deux ou trois enfants.
- Recherche, émission d'hypothèses, vérification.
- Les inviter à trouver des arguments pour justifier leur solution.
- Mise en commun et discussion.
- Consigne 3. Recherche individuelle.
- Mise en commun et justification.

Formalisation
- Prendre conscience de l'importance de pouvoir justifier et argumenter ses démarches et ses solutions afin d'être sûr de soi.
- Discuter de notre système de numération en base dix, évoquer l'existence d'autres systèmes (système binaire, ...)

Dépassement

Pour les enfants ayant résolu rapidement le problème (ou pour qui la situation ne pose pas problème), proposer de résoudre la consigne 4.

Piste d'interdisciplinarité

Trouver des expressions, des utilisations de ces termes : une sizaine de louveteaux, une huitaine de jours, une quinzaine de jours, une douzaine d'œufs, ...

Exercices

1. Écris en chiffres.
2. À toi de compter.
3. Comment pourrais-tu emballer ces bonbons ?

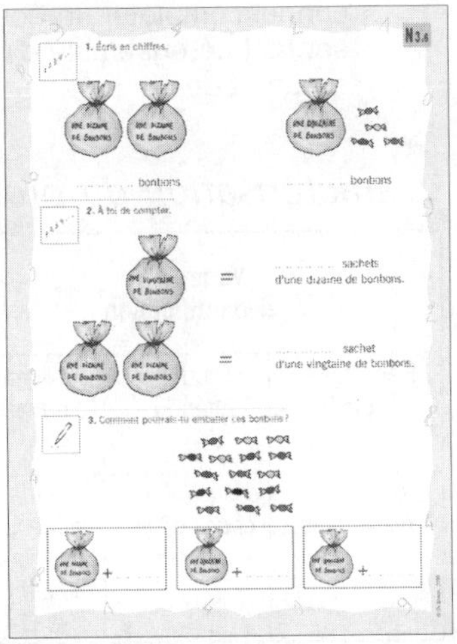

N3.7 NOMBRES

Palier 3 Les nombres de 0 à 20

Situation-Problème 7 *Quel fouillis !*

Structuration	Représentation	Mise en œuvre	Intégration	**Évaluation**

Description

Des crayons de toutes les couleurs sur la table. Des enfants autour de la table, ils discutent.
Nicolas dit : « J'en avais 13. »
Martin avait des crayons en bois naturel.
La pochette de Lucie était complète (20 crayons avec une ligne bleue).
Karim sait qu'il en avait déjà perdu deux.
Sylvain avait marqué un « S » sur chacun de ses crayons. Il lui en reste 7.
Deux « intrus se trouvent aussi sur la table : un bic et une latte.
Au début de l'année, chacun avait une pochette de 20 crayons.
Peux-tu aider les enfants à retrouver leurs crayons ?

Caractéristiques de la situation

La situation vise à composer des nombres de 0 à 20 à l'aide des indices ; les enfants pourront reconstituer la pochette de chacun.

Objectifs spécifiques

Utiliser en situation les compositions et les comparaisons de nombres de 0 à 20 : lire et écrire les nombres de 0 à 20, identifier le cardinal d'un ensemble, construire un ensemble dont le cardinal est connu, compléter un ensemble en fonction du cardinal, composer et décomposer un nombre représentant un ensemble d'éléments, utiliser les termes : « il y a plus de... », « il y a moins de ... », « il y a autant de ... ».

Caractérisation du problème d'évaluation

Variables d'identification			**Variables mathé-matiques**	**Variables d'habillage**				
Répertoire cognitif	Produit attendu	Niveau d'ouverture	Opérations mises en œuvre	Présentation du problème	Place de la question	Ordre de présentation des données	Existence de données parasites	Cadre
problème numérique	*des nombres et des choix à poser*	*fermé semi-ouvert pour la Q 8 ouvert pour la Q 10*	*voir les objectifs spécifiques*	*énoncé écrit et dessin*	*en fin d'énoncé*	*dans l'ordre d'utilisation*	*au moins une donnée parasite*	*vie quotidienne*

Tome 2. Pages 181-199.

Des situations pour s'exercer

– **Ramasser les devoirs** et vérifier que chacun a bien rendu son devoir (classe d'environ 20 élèves) : sont-ils tous rendus ? qui n'a pas rendu son devoir ? sont-ce bien tous des devoirs ?

– **Quel type de cahiers emploie-t-on le plus ?** En septembre, nous avions 20 petits cahiers lignés, 20 petits cahiers quadrillés, 20 grands cahiers quadrillés, 20 grands cahiers lignés de réserve et 20 blocs de feuilles de réserve. Présenter aux enfants ce qu'il reste. Quel type de cahiers est le plus utilisé ? De quel type de cahiers reste-t-il le plus ? Combien de cahiers lignés a-t-on employés ?...

– **Les sacs de gymnastique** sont toujours dans un grand panier : il est grand temps de le mettre en ordre. Voici ce que nous avons trouvé, nous sommes 20 élèves : 15 maillots, 2 boîtes de collation, 17 paires de sandales de gymnastique, un journal de classe, 1 chaussette seule, 12 paires de chaussettes et il manque 3 tee-shirts... Que devons-nous chercher ? Qu'a-t-on perdu ?

Déroulement

Préparation

- Introduire en ses propres termes le sujet de la situation **sans la dévoiler :** les enfants ont mélangé leurs crayons de couleur en travaillant.
- Demander aux enfants de s'exprimer quant à ce type de situation : avez-vous déjà vécu ce type de situation ? Comment cela est-il arrivé ? Comment vous en êtes-vous sorti ?
- Faire découvrir l'illustration et laisser les enfants observer la situation-problème selon les principes de la lecture dynamique.
- Demander aux enfants ce qu'ils observent, quel est le problème quelle pourrait être la tâche à réaliser.
- Expliciter les consignes et s'assurer de la compréhension de chacun.

CONSIGNES
Le professeur posera une à une les questions reprises ci-dessous.

Réalisation

Les enfants répondront **individuellement** et par écrit sur la feuille prévue à cet effet, (au verso de la situation-problème).
Le professeur corrigera ultérieurement les réponses des élèves.
Une fois les questions posées et l'évaluation achevée, les enfants peuvent résoudre la situation-problème en équipes.

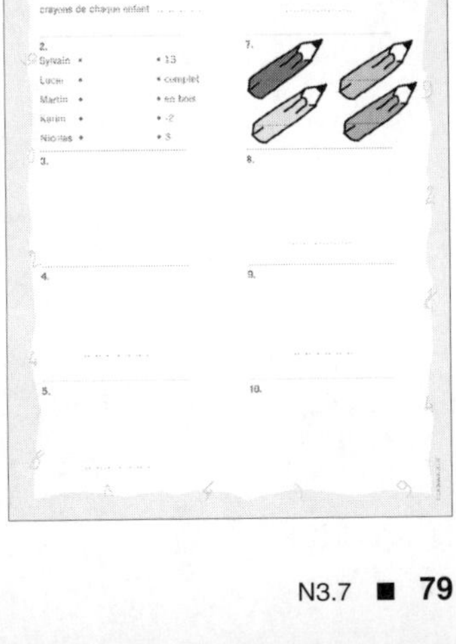

Questions d'évaluation (correctif)

1. On te demande – combien de crayons se trouvent sur la table. ☐
   – de retrouver les crayons de Sylvain. ☐
   – de retrouver les crayons de chaque enfant. ☐ (X)

   Coche la bonne réponse.
2. Relie le prénom de l'enfant et l'indice qui te permettra de trouver la solution.
   SYLVAIN – KARIM – MARTIN – LUCIE – NICOLAS.

   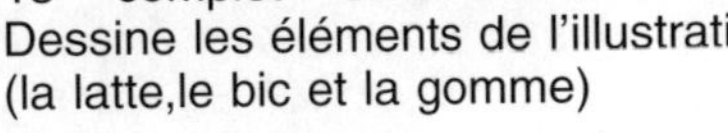

   13 – complet – en bois – -2 – « S ».
3. Dessine les éléments de l'illustration qui ne vont pas t'aider.
   (la latte,le bic et la gomme)

4. Combien de crayons possède Martin ?
(15)
5. Combien de crayons Nicolas a-t-il perdus ?
(7)
6. Qui a perdu le plus de crayons ?
(Sylvain)
7. Marque chaque crayon à l'initiale de son propriétaire comme ceux de Sylvain.
(M pour Martin, K pour Karim, L pour Lucie et N pour Nicolas.)
8. Et toi, ta pochette est-elle complète ? Combien de crayons possèdes-tu ?
(...)
9. S'ils rassemblaient tous leurs crayons, combien de pochettes de 20 crayons auraient-ils ?
(3 pochettes.)
10. À ton avis, comment les enfants ont-ils réussi à mélanger ainsi tous leurs crayons ? Dessine.
(par exemple, ils ont fait un grand dessin collectif)

Grille des critères

Critère 1 **Interprétation**	Critère 2 **Résolution**	Critère 3 **Cohérence**	Critère 4 **Précision**	Critère 5 **Production**
Q. 1, 2, 3	Q. 4, 5, 6	Q. 3, 6, 7	Q. 4, 5, 7	Q. 8, 9, 10
/3	/3	/3	/3	/3

Nous préconisons un seuil d'acquisition de 2/3 pour chaque critère. En cas de non acquisition, se reporter à la banque d'exercices en fonction du (des) critère(s) : partie **A**, pour la résolution de problèmes, et partie **C** pour les critères 1, 3 et 4.

Évaluation uniquement « matière »

La situation-problème évalue l'acquisition de la compétence. Pour une évaluation des contenus, des objectifs spécifiques, se reporter à l'évaluation uniquement « **matière** » **N3** dans la banque d'exercices (partie **E**).

OPÉRATIONS

Compétence d'intégration

Résoudre des situations-problèmes mettant en œuvre les 4 opérations fondamentales sur des nombres de 0 à 20.

01.1 OPÉRATIONS

Palier 1 L'addition sur des nombres de 0 à 20

Situation-Problème 1 ***Toujours plus !***

Structuration	Représentation	Mise en œuvre	Intégration	Évaluation

Description

Différentes vignettes.

- 3 enfants jouent ensemble, 2 autres arrivent.
- Camille partage ses 5 biscuits avec ses 4 sœurs. (division)
- Julie a cueilli 7 fleurs, Céline 4 fleurs ; elles les mettent dans un vase.
- On met la table. L'un arrive avec 2 assiettes, l'autre avec 3 assiettes.
- Une bibliothèque : une planche avec 4 livres et une autre avec 5 livres.
- Dé indiquant 4 et un autre dé indiquant 3.
- Famille lapin : 4 ensemble et 1 derrière.
- Un arbre. 3 pommes sur l'arbre et 2 pommes par terre (soustraction ou addition).
- Claire a 4 livres. Elle en reçoit 2 nouveaux en cadeau.
- Il a 5 billes, il en donne 2 à son copain.(soustraction)

Ces petites hiostoires ne racontent pas toujours la même chose.
Retrouve celles qui parlent d'« ajouter ».

Caractéristiques de la situation

La situation demande aux enfants de discerner les situations additives des autres situations. Les différentes vignettes illustrent d'une part les deux sens de la structure opératoire : la fonction numérique (il y a ajout) et l'opération mathématique (il y a réunion) ; d'autre part, certaines illustrations ne représentent pas des additions.
Cependant, il conviendra de demander aux enfants de raconter l'histoire représentée par la vignette afin de se rendre compte de l'interprétation qu'il fait du dessin : l'expression verbale joue ici un rôle important, tout comme l'interprétation des dessins. Nous demandons également, en dépassement, d'écrire ces histoires sous forme de « phrase-calcul ». Par cette expression, nous désignons l'écriture mathématique de l'opération.

Tome 1. Pages 185-187[1].

Objectifs spécifiques

Reconnaître, identifier une opération additive.

Matériel à prévoir

Pour résoudre la situation, les enfants peuvent utiliser ce qu'ils désirent : marrons, réglettes, schèmes-appartement, bouliers, ...
Nous insistons aussi sur la pertinence d'une résolution « mimée » ou jouée afin que les enfants « vivent réellement la situation. »

---

1 Pour rappel, le sigle fait référence à l'ouvrage de ROEGIERS, X. (2000), *Les mathématiques à l'école primaire*, Louvain-la-Neuve, De Boeck, Tomes 1 et 2.

Déroulement

Préparation

- Introduire en ses propres termes le sujet de la situation **sans la dévoiler :** raconter des histoires dessinées.
- Demander aux enfants de s'exprimer quant à la situation : leur demander de raconter une histoire qui parle d'« ajouter » ou de « mettre ensemble » et de l'illustrer.
- Faire découvrir l'illustration et laisser les enfants observer la situation-problème selon les principes de la lecture dynamique.
- Demander aux enfants ce qu'ils observent et quel est le problème.
- Faire expliciter les consignes et s'assurer de la compréhension de chacun.

> CONSIGNES
>
> 1. Retrouve les histoires qui parlent « d'ajouter », « de mettre ensemble ».
>
> DÉPASSEMENT
>
> 2. Écris ces histoires sous forme de phrase-calcul.

Réalisation

- Répartition des enfants en petites équipes de deux ou trois.
- Éventuellement, les vignettes peuvent être réparties entre les équipes.
- Imaginer en équipe une histoire pour chaque vignette.
- Consigne 1. Recherche et résolution .
- Préparation de la mise en commun et de la communication au reste du groupe.
- Mise en commun – Vérification – Discussion – Argumentation.

Formalisation

- Inviter les enfants à exprimer ce qu'ils viennent de vivre, de faire, de comprendre.
- Définir ensemble le terme additionner dans les 2 sens : mettre ensemble et ajouter.
- Introduire le terme « et » (à la place du signe « + » qui nous semble prématuré) et le signe « = » et leur donner du sens en racontant les histoires qui les utilisent.

Dépassement

Pour les enfants ayant résolu rapidement le problème (ou pour qui la situation ne pose pas problème), proposer de résoudre la consigne 2.

Piste d'interdisciplinarité

- Créer des petites saynètes à présenter aux autres classes.
- Jeu de « MIME-IONNARY » sur le principe du Pictionnary : tirer au sort une addition et un thème (par exemple, des plantes, des animaux, des autos, des fleurs, des amis, ...). Mimer la situation en tenant compte du thème et de l'addition. Le groupe doit deviner l'histoire et l'addition.

Exercices

Complète les pointillés par « + » et « = »
Différentes situations illustrées :
a) 3 enfants jouent – 2 enfants arrivent – la vignette 1
b) Je mets deux assiettes – tu apportes 3 assiettes – vignette 2.
c) 3 lapins – 1 lapin – 4 lapins.

Exercices supplémentaires

Banque d'exercices

A. Exercices « matière »
O1 p. 50-51 n° 1 à 5

B. Boîte à outils
B1 p. 1 à 4 n° 1 à 14
B3 p. 8-9 n° 1 à 9
B4 p. 10-11 n° 1 à 8

01.2 OPÉRATIONS

Palier 1 L'addition sur des nombres de 0 à 20

Situation-Problème 2 ***Une bande dessinée***

Structuration	Représentation	Mise en œuvre	Intégration	Évaluation

Description

Quelques illustrations sur le thème d'une rencontre de chats. Une histoire d'addition à inventer.
Dessine cette histoire sous forme de bande dessinée.

Caractéristiques de la situation

La situation vise à faire représenter des situations additives aux enfants de manière concrète. Pour la résolution de la situation, les enfants auront à « jouer » la situation, à l'étoffer en imaginant toutes les circonstances de cette histoire et enfin à la représenter sous forme de bande dessinée.
On peut également demander aux enfants d'inventer d'autres situations dessinées expérimentant l'addition et les rassembler sous forme d'un petit livret.
Il nous semble très important que l'enfant pose une opération, la représente, la raconte afin d'affiner sa représentation mentale de l'opération, bien avant de la résoudre.

Tome 1. Pages 175-177.

Objectifs spécifiques

Symboliser une situation additive.

Matériel à prévoir

Nous insistons sur la pertinence d'une résolution « mimée » ou jouée afin que les enfants « vivent réellement la situation.
Matériel de dessin et photocopie de feuille A4 découpée en 6 cases de B.D.

Déroulement

Préparation

- Introduire en ses propres termes le sujet de la situation **sans la dévoiler :** créer une histoire dessinée.
- Demander aux enfants de s'exprimer quant à la situation : qu'est-ce qu'une bande dessinée ? Comment lit-on une bande dessinée ?
- Faire découvrir l'illustration et laisser les enfants observer la situation-problème selon les principes de la lecture dynamique.
- Demander aux enfants ce qu'ils observent et quel est le problème.
- Faire expliciter les consignes et s'assurer de la compréhension de chacun.

CONSIGNES

1. Par équipes de 3, inventer une histoire qui parle d'addition à l'aide des personnages représentés et jouer la situation.
2. Réaliser une bande dessinée à partir du scénario illustré.

DÉPASSEMENT

3. Inventer et réaliser d'autres bandes dessinées qui racontent des histoires d'addition.

Réalisation

- Répartition des enfants en petites équipes de trois.
- Consigne 1. Création de l'histoire, recherche des circonstances et des détails, du pourquoi, du comment, répartition des rôles, mise en scène, ...
- Préparation de la mise en commun et de la communication au reste du groupe.
- Mise en commun – Vérification – Discussion – Argumentation.
- Consigne 2. Réalisation de la bande dessinée en équipes de 3. Découpage de l'histoire en actions successives et en cases et répartition du travail.
- Réalisation de la consigne 2.
- Mise en commun des bandes dessinées. Exposition.

Formalisation

- Demander aux enfants de chercher une représentation mathématique de leur histoire.
- Introduire la représentation fléchée de la fonction numérique qui ajoute : + 2

Dépassement

Pour les enfants ayant résolu rapidement le problème (ou pour qui la situation ne pose pas problème), proposer de résoudre la consigne 3.

Piste d'interdisciplinarité

Découvrir la bande dessinée, éventuellement visiter le centre belge de la B.D.

Exercices

1. Calcule combien ils seront.
2. Calcule combien ils seront.
3. Calcule.
4 + 1 = ...
3 + ... = 5

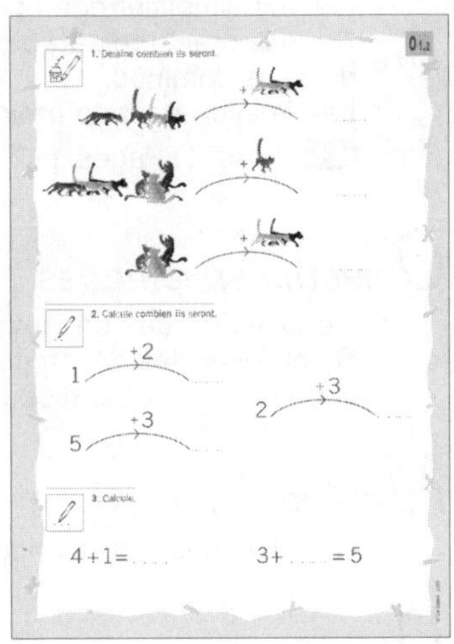

Exercices supplémentaires

Banque d'exercices

A. Exercices « matière »
O1 p. 52-53 n° 1 à 5

01.3 OPÉRATIONS

Palier 1 L'addition sur des nombres de 0 à 20

Situation-Problème 3 **Les dominos**

Structuration	**Représentation**	Mise en œuvre	Intégration	Évaluation

Description

Plusieurs dominos. Les dominos « qui montrent leurs points » totalisent tous 6.
Trouve un point commun à tous les dominos à l'endroit. Quel domino montre « 4 + 2 » ? Connais-tu d'autres dominos qui ont le même point commun ?

Caractéristiques de la situation

Il s'agit ici d'identifier une situation bien précise : les différentes additions qui totalisent 6. Il est très important que l'enfant se rende compte que si « 2 + 4 » et « 4 + 2 » ont le même résultat, ils correspondent à deux réalités différentes. Une distinction parfaite des idées qui sous-tendent les opérations nous semble primordiale pour arriver à la maîtrise des procédés et la résolution des problèmes de vie. Cette distinction devra s'installer petit à petit, même en dehors du contexte numérique. La commutativité est la propriété qui permet d'intervertir deux termes sans changer le résultat de l'opération. Cette propriété est intéressante à introduire très vite afin de pouvoir simplifier des opérations.
Dans la première partie de la consigne, la situation est exploitable en groupe vertical en manipulant de vrais dominos.
La situation peut se prolonger en demandant de rassembler les dominos qui totalisent 5, 7, ...
Tome 1. Pages 197-198.

Objectifs spécifiques

Reconnaître des décompositions additives.
Symboliser des décompositions additives.
Composer des situations additives totalisant 6 (et 10 en dépassement).

Matériel à prévoir

Des dominos : un jeu pour trois enfants.

Déroulement

Préparation
- Introduire en ses propres termes le sujet de la situation **sans la dévoiler :** jeu de dominos.
- Demander aux enfants de s'exprimer quant à la situation : qui connaît ce jeu ? Qui peut l'expliquer ?
- Faire découvrir l'illustration et laisser les enfants observer la situation-problème selon les principes de la lecture dynamique.

- Demander aux enfants ce qu'ils observent et quel est le problème.
- Faire expliciter les consignes et s'assurer de la compréhension de chacun.

CONSIGNES

1. Par équipes de 3, jouer aux dominos.
2. Trouve un point commun à tous les dominos que tu vois.
3. Quel domino montre « 2 + 4 » ?
4. Connais-tu d'autres dominos qui ont le même point commun ?

DÉPASSEMENT

5. Dessine tous les dominos totalisant 10.

Réalisation

- Consigne 1. Répartition des enfants en petites équipes de trois et jeu de dominos classique.
- Consignes 2 et 3. Recherche en équipes.
- Résolution et préparation de la mise en commun et de la communication au reste du groupe.
- Mise en commun – Vérification – Discussion – Argumentation.
- Consigne 4. Recherche et résolution.
- Mise en commun – Vérification – Discussion et argumentation.

Formalisation

- Demander aux enfants de représenter tous les dominos qui totalisent 6 sous forme d'équation mathématique (ou phrase-calcul) en utilisant les signes « + » et « = ».

Dépassement

Pour les enfants ayant résolu rapidement le problème (ou pour qui la situation ne pose pas problème), proposer de résoudre la consigne 5.

Piste d'interdisciplinarité

Apprendre le jeu de dominos aux classes de 2e maternelle.

Exercices

1. Écris sous forme de phrase mathématique.
2. Dessine les dominos.
2 + 3, 0 + 5, 1 + 1.
3. Complète les dominos pour qu'ils fassent 6.

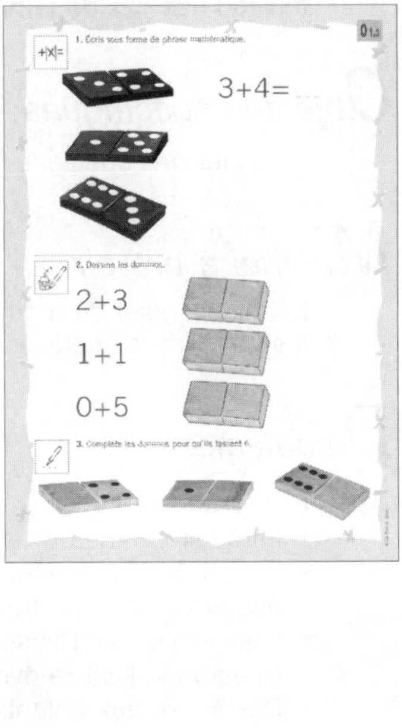

Exercices supplémentaires

Banque d'exercices

A. Exercices « matière »
O1 p. 54 nº 1 à 3

01.4 OPÉRATIONS

Palier 1 L'addition sur des nombres de 0 à 20

Situation-Problème 4 **Enquête**

Structuration	Représentation	**Mise en œuvre**	Intégration	Évaluation

Description

Une petite enquête sur la composition des familles de la classe. Un tableau à remplir indiquant le nombre de personnes de sexe masculin et le nombre de personnes de sexe féminin qui composent la famille. Une troisième colonne totalise le nombre de personnes de la famille.
Mène l'enquête et complète le tableau pour ta famille et quatre autres familles de ta classe.

Caractéristiques de la situation

Après avoir reconnu, dessiné et identifié une situation additive, il s'agit ici d'additionner, de calculer un total.
Un problème de vocabulaire peut surgir : une sœur est-elle à mettre sur le même pied (et donc dans la même colonne) qu'une maman... et si maman est enceinte... Ces questions sont à prendre en compte et seront à la base d'une discussion sur l'identité sexuelle.
Nous osons insister sur le tact et la discrétion qui entoureront le traitement et la représentation dans le tableau des cas de familles monoparentales ou recomposées.

Objectifs spécifiques

Effectuer des additions en situation.

Matériel à prévoir

Éventuellement du matériel de comptage : marrons, bouchons, boutons, bouliers, ...
Il serait bien de pouvoir disposer de plusieurs exemplaires de la situation.

Déroulement

Préparation

- Introduire en ses propres termes le sujet de la situation **sans la dévoiler :** mener une enquête.
- Demander aux enfants de s'exprimer quant à la situation : qui sait ce qu'est une enquête ? qui fait des enquêtes ? pourquoi fait-on des enquêtes ?
- Faire découvrir l'illustration et laisser les enfants observer la situation-problème selon les principes de la lecture dynamique.
- Demander aux enfants ce qu'ils observent et quel est le problème.
- Faire expliciter les consignes et s'assurer de la compréhension de chacun.

CONSIGNES

1. Mène l'enquête et remplis le tableau pour ta propre famille :
   – 1re colonne : nombre de personnes de sexe masculin..
   – 2e colonne : nombre de personnes de sexe féminin.
   – 3e colonne : nombre de personnes dans la famille.
2. Mène l'enquête et remplis le tableau par groupe de 5 personnes.

DÉPASSEMENT

3. Mène une autre enquête et établis le tableau. Pour chaque famille, nombre de personnes plus âgées que 6 ans et nombre de personnes de 6 ans ou plus jeunes.

Réalisation

- Recherche individuelle concernant la consigne 1. Chacun remplit la première ligne du tableau en indiquant son nom de famille à l'extrême gauche du tableau.
- Répartition des enfants en équipes de 5.
- Consigne 2. Recherche en équipe des données pour les autres membres du groupe par jeu de question – réponse. Chacun à son tour pose une question à quelqu'un jusqu'à ce que chacun ait les informations nécessaires. Les questions ne seront posées qu'en terme de nombre de frères, nombre de sœurs, ...
- Résolution individuelle de la consigne 2 après avoir récolté les informations utiles par équipes de 5. Chacun remplit son tableau.
- Mise en commun des résultats en équipes de 5. Comparaisons. Vérification.
- Préparation de la mise en commun générale et de la communication au reste du groupe.

Formalisation

- Demander aux enfants de réfléchir au sens des opérations (commutativité)
- Proposer un nouveau tableau : nombre d'enfants et nombre de parents par famille. Une même famille correspond donc à différentes équations : 2 parents et 4 enfants ou 3 hommes et 3 femmes.

Dépassement

Pour les enfants ayant résolu rapidement le problème (ou pour qui la situation ne pose pas problème), proposer de résoudre la consigne 3.

Piste d'interdisciplinarité

Les enquêtes : à quoi cela sert-il ? Recherche et interviews.
Mener une autre enquête sur un sujet qui intéresse les enfants : les jouets, les sports, les desserts, ...

Exercices

1. Dessine les 3 familles.
2. Complète le tableau par des chiffres.
3. Calcule.
0 + 3 = ...
3 + ... = 4
3 ... 2 + 1

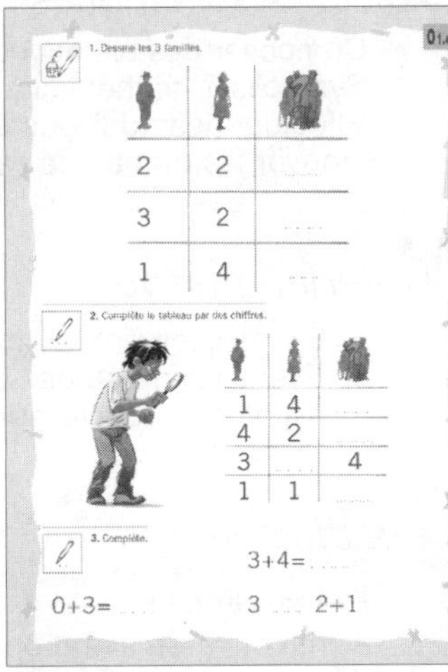

Exercices supplémentaires

Banque d'exercices

A. Exercices « matière »
O1 p. 57-58 n° 1 à 3

01.5 OPÉRATIONS

Palier 1 L'addition sur des nombres de 0 à 20

Situation-Problème 5 *Vol à la boucherie*

Structuration	Représentation	**Mise en œuvre**	Intégration	Évaluation

Description

Vol à la boucherie... La police enquête et trouve des traces, des empreintes. Selon les indices, les voleurs avaient 8 pieds ou pattes. Plusieurs couples de suspects : deux chiens affamés, un chat malin aidé d'une pie voleuse, trois souris grises, un « voleur » accompagné de son perroquet, les 4 frères Dalton.
D'après toi, qui a volé et pourquoi?

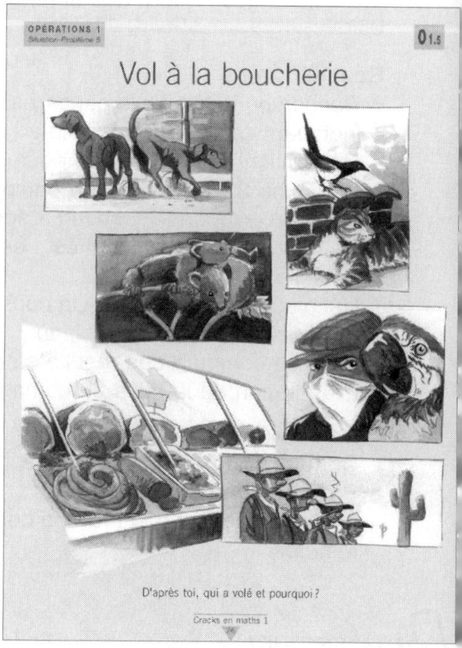

Caractéristiques de la situation

La situation-problème illustre bien l'addition comme opération mathématique qui, à deux nombres, associe leur somme. Les traces, base de toute la recherche, représentent la somme ; les enfants auront à déterminer les termes de l'addition. Notons que l'usage veut que l'on parle de somme lorsqu'il y a deux termes et de total lorsqu'il y en a davantage. Il s'agit ici de composer des structures additives afin de pouvoir les calculer et ainsi trouver la solution de l'énigme.
En outre, l'énigme en elle-même ne pourra pas se résoudre parfaitement vu que la situation est ouverte et que deux solutions sont plausibles, mathématiquement.

📖 Tome 1. Pages 185-187.

Objectifs spécifiques

Composer des situations additives.
Symboliser mathématiquement l'opération.
Effectuer des additions en situation.
Trouver les termes de l'addition dont on connaît le total.

Matériel à prévoir

- Éventuellement, du matériel de comptage : marrons, bouchons, boutons, bouliers, ...
- Éventuellement, des cartes des suspects à découper pour animer la discussion, justifier ses hypothèses et classer les suspects pendant le travail en équipes.

Déroulement

Préparation
- Introduire en ses propres termes le sujet de la situation **sans la dévoiler :** un vol.

- Demander aux enfants de s'exprimer quant à la situation : que se passe-t-il en cas de vol ? Que fait la police ? Qu'est-ce qu'un suspect ? Qu'est-ce qu'une empreinte ?
- Faire découvrir l'illustration et laisser les enfants observer la situation-problème selon les principes de la lecture dynamique.
- Demander aux enfants ce qu'ils observent et quel est le problème.
- Faire expliciter les consignes et s'assurer de la compréhension de chacun.

> CONSIGNES
>
> 1. Qui a volé ?
> 2. Prouve ce que tu avances.
>
> DÉPASSEMENT
>
> 3. Invente un autre coupable ou groupe de coupables possibles.

Réalisation
- Consigne 1. Recherche individuelle.
- Répartition des enfants en équipes de 3 en fonction des hypothèses de coupables.
- Consigne 2. Recherche en équipes des données permettant de prouver ses intuitions, ses hypothèses de coupable. Résolution de la consigne 2.
- Préparation de la mise en commun générale et de la communication au reste du groupe.
- Mise en commun – Comparaison – Vérification – Discussion et argumentation.

Formalisation
- Trouver des représentations de la situation qui montrent l'addition et prouvent que le suspect est coupable, que les autres sont innocents.

Dépassement

Pour les enfants ayant résolu rapidement le problème (ou pour qui la situation ne pose pas problème), proposer de résoudre la consigne 3.

Piste d'interdisciplinarité

- Le métier de policier : enquête et visite d'un commissariat de quartier.

Exercices

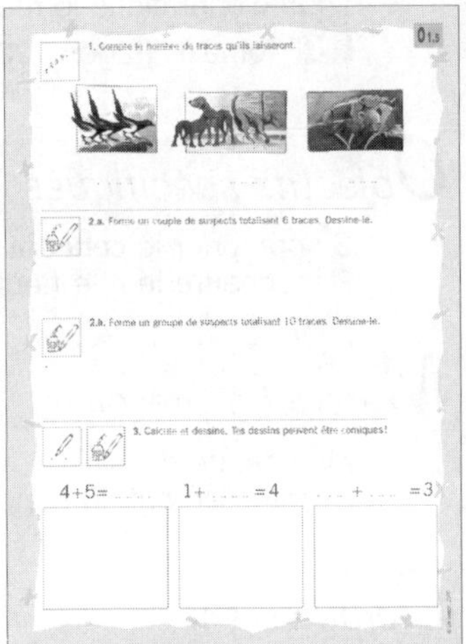

1. Compte le nombre de traces qu'ils laisseront.
2. Forme un « couple » de suspects totalisant 6 traces. Dessine-le.
   Forme un groupe de suspects totalisant 10 traces. Dessine-le.
3. Complète et dessine. Tes dessins peuvent être comiques !
   4 + 5 = ...
   1 + ... = 4
   ... + ... = 3

Exercices supplémentaires

Banque d'exercices

A. Exercices « matière »
O1 p. 55-56 n° 1 à 5

01.6 OPÉRATIONS

Palier 1 L'addition sur des nombres de 0 à 20

Situation-Problème 6 *Histoires de plus*

Structuration	Représentation	Mise en œuvre	**Intégration**	Évaluation

Description

Invente une histoire d'addition et illustre-la.
Pourquoi 0 est-il le nombre le plus facile dans l'addition ?

Caractéristiques de la situation

Il nous semble essentiel de demander à l'élève d'exprimer ses propres prises de conscience : si vous racontez à quelqu'un un événement et que vous lui demandez de le raconter par la suite, vous constaterez que c'est celui qui raconte qui prend conscience de ce qu'il a retenu. Sans possibilité d'expression de ses prises de conscience, une personne risque d'oublier ce qu'elle a vécu et de refaire les mêmes erreurs. Nous considérons cette étape comme un processus intellectuel d'intégration, de structuration et d'appropriation d'un vécu.

D'autre part, la situation-problème demande une prise en compte du rôle neutre du zéro dans l'addition. Zéro est un nombre très ambigu aux yeux des enfants : il symbolise une collection vide, et tout à la fois, il a une existence de nombre comme tous les autres. Zéro n'est donc pas rien ! Il convient donc de faire exister zéro comme un nombre à part entière aux yeux des enfants et d'en multiplier les approches : constitution de collections vides, pratique d'opérations le mettant en œuvre, localisation sur la droite des nombres, ...

Tome 1. Pages 123-124.

Objectifs spécifiques

S'approprier le concept d'addition.
Reconnaître le rôle neutre du zéro dans l'addition.

Matériel à prévoir

Matériel de dessin.
Éventuellement du matériel de comptage : marrons, bouchons, boutons, bouliers, ...

Déroulement

Préparation

- Introduire en ses propres termes le sujet de la situation **sans la dévoiler :** inventer une histoire d'addition.

- Demander aux enfants de s'exprimer quant à la situation : idées d'histoires.
- Faire découvrir l'illustration et laisser les enfants observer la situation-problème selon les principes de la lecture dynamique.
- Demander aux enfants ce qu'ils observent et quel est le problème.
- Faire expliciter les consignes et s'assurer de la compréhension de chacun.

CONSIGNES

1. Illustre une histoire d'addition.
2. Pourquoi 0 est-il le nombre le plus facile dans l'addition ?

DÉPASSEMENT

3. Écris toutes les additions qui ont 12 comme résultat.

Réalisation

- Consigne 1. Recherche individuelle.
- Illustration de l'histoire d'addition ou éventuellement, matérialisation sous forme mimée, racontée, ...
- Mise en commun des histoires – Comparaison – Discussion.
- Symbolisation de l'histoire individuelle sous forme de phrase mathématique (ou « phrase calcul » par équipes de 2 ou 3.
- Mise en commun des équations – Vérification – Argumentation.
- Proposer comme une question - défi la consigne 2.
- Recherche par équipes de 2 ou 3.
- Mise en commun.

Formalisation

- Recherche collective en demandant aux enfants d'inventer et représenter (dessin et équation) des histoires dans lesquelles le 0 intervient afin de montrer son rôle de neutre.

Dépassement

Pour les enfants ayant résolu rapidement le problème (ou pour qui la situation ne pose pas problème), proposer de résoudre la consigne 3.

Piste d'interdisciplinarité

Aller raconter des histoires d'addition en 3e maternelle.

Exercices

1. Relie deux par deux d'une même couleur les dominos qui ensemble totalisent 10.
2. Invente une histoire pour illustrer ce calcul.
   0 + 6
3. Calcule.
   3 + 6 = ...
   10 = 8 + ...
   0 + 10 = ...

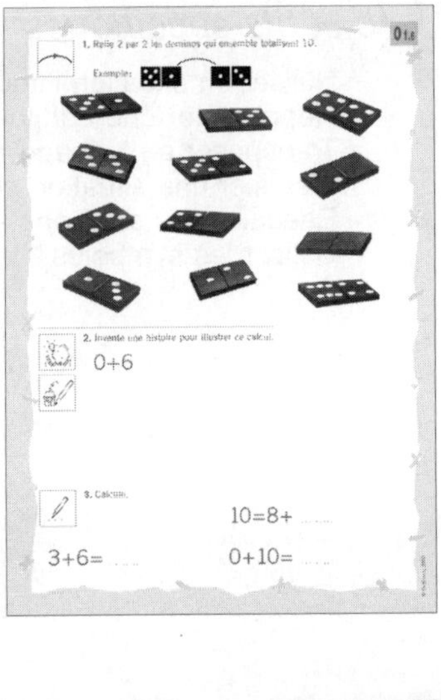

01.7

OPÉRATIONS

Palier 1 L'addition sur des nombres de 0 à 20

Situation-Problème 7 ***Faisons nos comptes***

Structuration	Représentation	Mise en œuvre	Intégration	**Évaluation**

Description

Cinq situations d'addition dessinées : 2 fleurs et 3 autres fleurs dans un parterre, 5 doigts d'une main et une autre main, un pommier avec 7 pommes et un autre sans pomme, 5 lapins et 3 lapins un peu plus loin, 2 paires de chaussures. Les enfants auront à les traduire en « phrase-calcul » (équation) et à en calculer le résultat.
Deux phrases-calcul (équations) : 3 + 3 et 7 + 1 que les enfants auront à illustrer avant d'en calculer le résultat.
Un résultat : 12. Les enfants auront à imaginer la situation et le calcul aboutissant à ce résultat.
Pour chaque situation, écris le calcul et son résultat.

Caractéristiques de la situation

La situation demande à l'enfant d'interpréter des situations dessinées et de les traduire en langage mathématique, c'est-à-dire en équations. Pour cela, il doit interpréter le dessin en terme d'objets à dénombrer, d'opérations à effectuer. Cela va donc bien au-delà de la simple addition de nombres. De plus, face à une équation banale (3 + 3 par exemple), il devra imaginer une situation de la vie courante qui pourrait être symbolisée par cette équation.
Bien plus que l'habileté à additionner deux nombres, la situation visera la compréhension en profondeur du processus d'addition ainsi que sa représentation mentale chez l'enfant.

Objectifs spécifiques

Utiliser en situation l'addition de nombres de 0 à 20.
Représenter une additon de nombres de 0 à 20.
Transposer en langage mathématique un énoncé comportant une addition.
Identifier une situation additive.
Effectuer des additions sur des nombres de 0 à 20.
Utiliser les symboles + et =.

Caractérisation du problème d'évaluation

Variables d'identification			Variables mathématiques	Variables d'habillage				
Répertoire cognitif	Produit attendu	Niveau d'ouverture	Opérations mises en œuvre	Présentation du problème	Place de la question	Ordre de présentation des données	Existence de données parasites	Cadre
problème numérique	*des nombres*	*fermé semi-ouvert pour les Q 5, 6, 7 et 9 ouvert pour la Q 10*	*voir les objectifs spécifiques*	*énoncé écrit et dessiné*	*en fin d'énoncé*	*dans l'ordre d'utilisation*	*pas de données parasites*	*vie quotidienne*

Tome 2. Pages 181-199.

Des situations pour s'exercer

– **Jeu des sourds et des aveugles**. Un enfant montre un nombre de 0 à 5 avec chacune de ses mains, un autre dit tout haut la phrase calcul, un troisième calcule le résultat.

– **Dessins mathématiques**. Chaque enfant reçoit une phrase-calcul et l'illustre. Ensuite, les enfants s'échangent les dessins et décodent les dessins.

– « **Toujours plus** ». Transcris les illustrations sous forme mathématique (phrase-calcul).

Déroulement

Préparation

- Introduire en ses propres termes le sujet de la situation **sans la dévoiler :** interpréter des dessins et les traduire en calculs.
- Demander aux enfants de s'exprimer quant à ce type de situation : avez-vous déjà vu des situations de tous les jours qui vous ont fait penser à des additions ? Lesquelles ?
- Faire découvrir l'illustration et laisser les enfants observer la situation-problème selon les principes de la lecture dynamique.
- Demander aux enfants ce qu'ils observent, quel est le problème, quelle pourrait être la tâche à réaliser.
- Expliciter les consignes et s'assurer de la compréhension de chacun.

CONSIGNES

Le professeur posera une à une les questions reprises ci-dessous.

Réalisation

Les enfants répondront **individuellement** et par écrit sur la feuille prévue à cet effet au verso de la situation-problème.
Le professeur corrigera ultérieurement les réponses des élèves.
Une fois les questions posées et l'évaluation achevée, les enfants peuvent résoudre la situation-problème en équipes.

Questions d'évaluation (correctif)

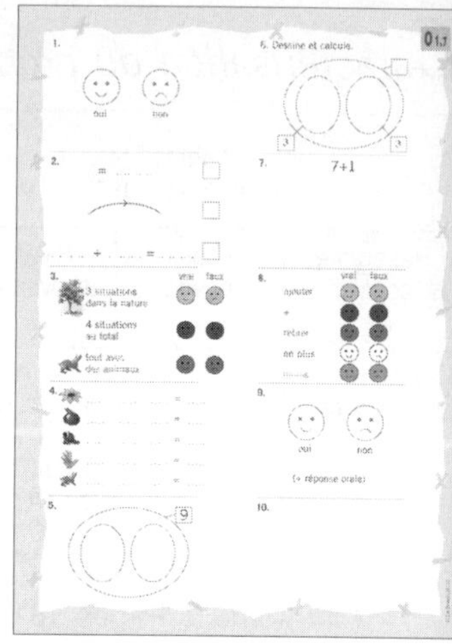

1. Tous les dessins parlent d'addition. Oui – Non, pas spécialement. (Non, pas spécialement)
2. Coche la bonne réponse :
   On te demande :
   – d'écrire seulement les résultats.
   – de relier les dessins aux « phrases-calculs » (équation).
   – d'écrire la « phrase-calcul » (équation) et de calculer son résultat. (X)
3. Vrai ou faux :
   – 3 situations se passent dans la nature. (vrai)
   – au total, il y a 4 situations. (faux)
   – il n'y a que des animaux dans les dessins. (faux)
4. Transforme les 5 dessins en phrases-calcul (équations) et calcule le résultat.
   $(2 + 3 = 5\ ,\ 7 + 0 = 7\ ,\ 2 + 2 = 4\ ,\ 5 + 0 = 5\ ,\ 5 + 3 = 8.)$
   NB. On peut accepter pour les mains $10 - 5 = 5$, pour les lapins $8 - 3 = 5$, ou $8 - 5 = 3$.
6. Invente un dessin qui illustre la phrase-calcul (équation) : 3 + 3 et calcule le résultat.
   (Exemple : $3 + 3 = 6 \rightarrow$ 3 filles + 3 garçons = 6 enfants.)
7. Transforme un dessin de la situation pour qu'il illustre la phrase-calcul (équation) : 7 + 1 et calcule le résultat.
   (Exemple : ajouter une pomme au 2e pommier : $7 + 1 = 8$.)
8. Coche la (les) bonnes réponse(s) :
   Ces termes veulent parler d'une addition :
   – ajouter. (X)
   – +. (X)
   – retirer.
   – en plus. (X)
   – moins.
9. En t'aidant de l'illustration des fleurs, réponds à la question suivante :
   ces deux additions ont-elles le même résultat ? Pourquoi ?
   5 + 2 et 2 + 5.
   (Oui – le résultat est identique, même si la situation peut-être différente)
10. Raconte une histoire qui n'est pas une addition pour l'illustration avec les lapins.
   (8 lapins dont trois s'en vont...)

Grille des critères

Critère 1 **Interprétation**	Critère 2 **Résolution**	Critère 3 **Cohérence**	Critère 4 **Précision**	Critère 5 **Production**
Q. 1, 2, 3	Q. 4, 5, 6, 7	Q. 5, 6, 7	Q. 4, 5, 8	Q. 8, 9, 10
/3	/4	/3	/3	/3

Nous préconisons un seuil d'acquisition de 2/3 pour chaque critère. En cas de non acquisition, se reporter à la banque d'exercices en fonction du (des) critère(s) : partie **A**, pour la résolution de problèmes, et partie **C** pour les critères 1, 3 et 4.

Évaluation uniquement « matière »

La situation-problème évalue l'acquisition de la compétence. Pour une évaluation des contenus, des objectifs spécifiques, se reporter à l'évaluation uniquement « **matière** » **O1** dans la banque d'exercices (partie **E**).

02.1 OPÉRATIONS

Palier 2 L'addition et la soustraction sur des nombres de 0 à 20

Situation-Problème 1 **Après 4 heures**

Structuration	Représentation	Mise en œuvre	Intégration	Évaluation

Description

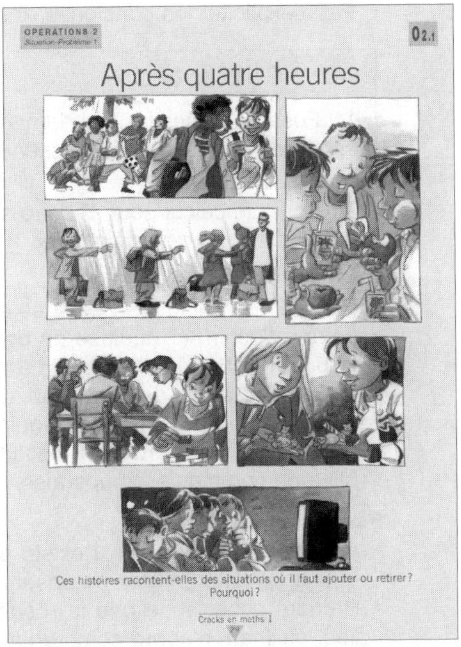

Histoires dessinées :

- 6 enfants jouent dans la cour. 2 s'en vont avec leur cartable.
- 4 enfants sont dans le rang. D'habitude, ils sont 6.
- 3 enfants mangent un fruit. 2 enfants boivent un berlingot de jus.
- 4 enfants font leurs devoirs. 1 enfant joue aux légos.
- Un enfant a 3 bonbons. Un autre en a 5.
- 3 enfants regardent la télévision. 1 enfant s'est endormi.

Ces histoires racontent-elles des situations où il faut ajouter ou retirer (additionner ou soustraire) ? Pourquoi ?

Caractéristiques de la situation

La situation vise à demander à l'enfant d'identifier, parmi plusieurs scénarios, ceux où il faut additionner et ceux où il faut soustraire pour résoudre le problème. Mais la difficulté réside dans le fait que plusieurs de ces scénarios peuvent être interprétés de différentes façons en fonction de ce que l'on recherche.
La formulation d'une question qui induit un calcul sera peut-être difficile pour les enfants dans un premier temps, cependant, cette étape de verbalisation nous semble très importante pour la compréhension en profondeur des opérations. Nous insistons sur le fait qu'il existe plusieurs termes pour désigner une différence : ce qu'il faut enlever, ce qu'il faut ajouter, ce qui reste, ce qui manque, ce qu'on a retiré, ... La formulation « ce qu'il y a en moins » paraît dangereuse vu qu'elle mène à une comparaison entre deux collections plutôt qu'à une combinaison aboutissant à un résultat.

Tome 1. Pages 187-188.

Objectifs spécifiques

Identifier une situation additive.
Identifier une situation soustractive.
Différencier une situation additive et soustractive.
S'approprier les termes additionner et soustraire.

Matériel à prévoir

Prévoir de la place pour mimer, du papier pour dessiner les situations.

Déroulement

Préparation

- Introduire en ses propres termes le sujet de la situation **sans la dévoiler :** différents dessins von exprimer des histoires dans lesquelles on ajoute ou on retire, des additions ou des soustractions
- Demander aux enfants de s'exprimer quant à la situation : faire mimer quelques situations imaginées par un groupe d'enfants, les autres devant les interpréter.
- Faire découvrir l'illustration et laisser les enfants observer la situation-problème selon les principes de la lecture dynamique.
- Demander aux enfants ce qu'ils observent pour chaque scénario et quel est le problème ; envisager plusieurs interprétations.
- Faire expliciter les consignes et s'assurer de la compréhension de chacun.

> CONSIGNES
>
> 1. Pose une question qui demande un calcul pour chaque histoire.
> 2. Détermine pour chaque situation s'il faut « ajouter » ou « retirer » pour résoudre le problème.
>
> DÉPASSEMENT
>
> 3. Écris un calcul pour chaque situation.

Réalisation

- Répartir les enfants en équipes et leur demander de choisir deux histoires.
- Faire réfléchir par équipes de deux aux deux scénarios illustrés choisis en leur demandant d'interpréter le dessin par un mime, un schéma, une histoire.
- Mise en commun des histoires, des mimes, des schémas – discussion.
- Consigne 1. Recherche par équipe de deux et résolution.
- Consigne 2. Recherche et résolution – vérification.
- Mise en commun – comparaison et discussion.

Formalisation

- Prendre conscience qu'il existe plusieurs interprétations possibles d'un même dessin, plusieurs questions différentes à se poser.
- Prendre conscience que le résultat d'une opération n'est pas ce qu'il faut chercher en premier lieu, qu'il faut d'abord comprendre ce que l'on cherche, quelle question on se pose, ...
- Établir une liste d'expressions qui induisent une soustraction, une banque de questions qu mènent à une soustraction.

Dépassement

Pour les enfants ayant résolu rapidement le problème (ou pour qui la situation ne pose pas problème), proposer de résoudre la consigne 3.

Piste d'interdisciplinarité

Discussion – débat : que faisons-nous après l'école ? Quels sont nos besoins à ce moment de la journée ? Quels sont nos rêves à ce propos ?

Exercices

1. Relie chaque dessin aux opérations mathématiques possibles.
2. Invente une histoire pour illustrer ce calcul.
   7 – 4
3. Calcule.
   5 – 5 = ...
   6 – 4 = ...
   3 + 6 = ...
   10 – ... = 2
   9 – 0 = ...

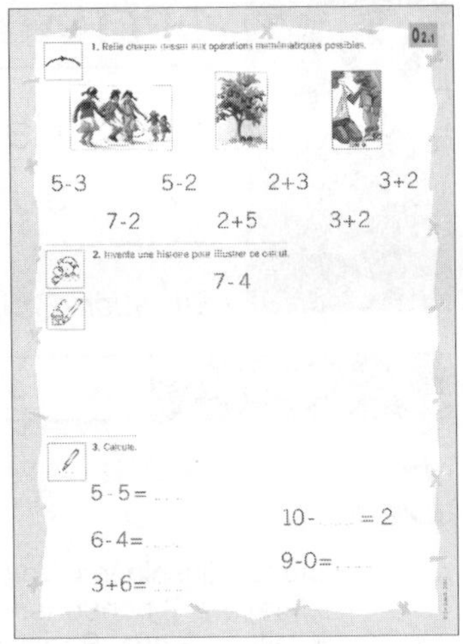

O2.1

1. Relie chaque dessin aux opérations mathématiques possibles.

5-3 5-2 2+3 3+2

7-2 2+5 3+2

2. Invente une histoire pour illustrer ce calcul.

7-4

3. Calcule.

5-5= ....

6-4= ....

3+6= ....

10- .... = 2

9-0= ....

02.2 OPÉRATIONS

Palier 2 L'addition et la soustraction sur des nombres de 0 à 20

Situation-Problème 2 ***Où est le problème ?***

Structuration	Représentation	Mise en œuvre	Intégration	Évaluation

Description

Histoires dessinées. Voici des scénarios possibles.
- Soraya a 7 bonbons. Elle en mange deux.
- Claire a 6 ans. Sa sœur en a 9.
- Aziz a 11 billes. Il en donne 3.
- Fanny a 7 lapins. Il y en a 4 blancs.
- Florie a 8 ans. Elle souffle 5 bougies.
- Ariana a 5 livres. Elle les a tous lus sauf un.

Pose une question pour chaque histoire.

Caractéristiques de la situation

La situation vise à faire prendre conscience à l'enfant qu'une situation peut être interprétée de manières différentes en fonction de ce que l'on recherche. Au regard de l'équation, toutes les soustractions « expriment » la même chose, mais cela cache des réalités différentes :

- soit je retranche, j'enlève quelque chose et je cherche « ce qui reste » (j'ai 5 lapins et j'en donne deux) ;
- soit j'isole quelque chose et je cherche le complément, ce qui manque (j'ai 5 lapins, deux sont blancs) ;
- soit encore, je cherche une différence entre deux ensembles d'éléments (j'ai 5 lapins, tu en as deux).

Au stade actuel de l 'apprentissage, il ne s'agit pas d'envisager systématiquement tous les différents types de soustractions, mais bien d'encourager les interprétations différentes des dessins présentés dans la situation afin d'avoir différents types de soustractions.

La faculté de se poser des questions face à un problème est primordiale dans la résolution de problème : pour trouver une solution, il faut que je sache ce que je cherche.

Cette activité aidera l'enfant à aborder une situation de manière ouverte, à concevoir différentes questions et donc différentes solutions sont possibles.

Objectifs spécifiques

Poser une question qui détermine une opération à réaliser.
Différencier une situation additive et une situation soustractive.

Matériel à prévoir

Prévoir de l'espace pour jouer, mimer les situations.

Déroulement

Préparation

- Introduire en ses propres termes le sujet de la situation **sans la dévoiler :** différents dessins vont exprimer des histoires, il faudra les interpréter afin qu'ils expriment une soustraction.
- Demander aux enfants de s'exprimer quant à la soustraction : faire mimer quelques situations imaginées par un groupe d'enfants, les autres devant les interpréter en terme de soustraction.
- Faire découvrir l'illustration et laisser les enfants observer la situation-problème selon les principes de la lecture dynamique.
- Faire expliciter les consignes et s'assurer de la compréhension de chacun.

> CONSIGNES
>
> 1. Pose une question pour chaque scénario afin que l'on doive faire une soustraction.
>
> DÉPASSEMENT
>
> 2. Écris le calcul pour chaque scénario.

Réalisation

- Exploiter la situation par équipes de deux.
- Chaque équipe travaille sur une situation à la fois : qu'observe-t-on ? quel est le problème ? .
- Chaque équipe prépare un mime.
- Chaque équipe invente une question à poser.
- Mise en commun des mimes.
- Le « public » exprime différentes questions relatives au mime.
- Comparaison entre les questions du public et la question préparée par l'équipe.
- Discussion.
- Procéder de même pour toutes les situations.

Formalisation

- Établir une première pré-synthèse sur la soustraction : ce qu'elle exprime, le signe, ...
- Faire prendre conscience que la variété des situations réelles en matière de soustraction ne se traduit pas de manière explicite dans l'équation : dans $5 - 3 = 2$, je ne peux pas dire si j'enlève, si je cherche le complément ou la différence.
- Éventuellement, proposer de trouver les équations qui correspondent aux questions posées.

Dépassement

Pour les enfants ayant résolu rapidement le problème (ou pour qui la situation ne pose pas problème), proposer de résoudre la consigne 2.

Piste d'interdisciplinarité

Discussion – débat : comment naissent les disputes, les problèmes ? comment les résolvons-nous ? plusieurs solutions sont-elles possibles ? cherchons-nous toujours les solutions ?

Exercices

1. Relie chaque dessin à plusieurs opérations mathématiques possibles.
2. Invente une situation pour illustrer ce calcul.
9 – 4
3. Calcule.
7 – 1 = ...
8 – 0 = ...
6 + 4 =
8 – ... = 1
9 – 5 = ...

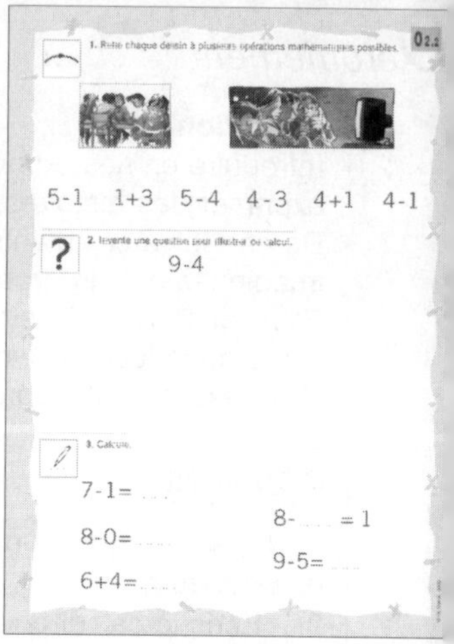

1. Relie chaque dessin à plusieurs opérations mathématiques possibles.

O2.2

5-1 1+3 5-4 4-3 4+1 4-1

2. Invente une question pour illustrer ce calcul.

9-4

3. Calcule.

7-1= ...

8-0= ...

6+4= ...

8- ... = 1

9-5= ...

Exercices supplémentaires

Banque d'exercices

A. Exercices « matière »
O2 p. 59 nº 1

02.3

OPÉRATIONS

Palier 2 L'addition et la soustraction sur des nombres de 0 à 20

Situation-Problème 3 ***Le jeu de quilles***

Structuration	**Représentation**	Mise en œuvre	Intégration	Évaluation

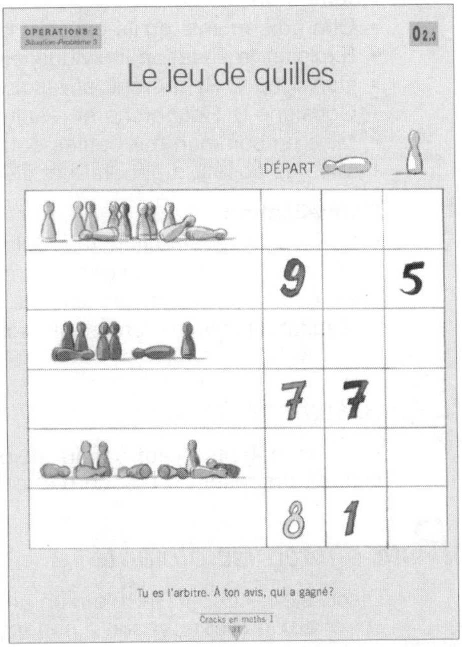

Description

Illustration de plusieurs jeux de quilles.
Pour les jeux 1, 3 et 5, la situation est illustrée ; pour les autres, les données sont reprises dans le tableau des scores.
À côté de chaque jeu, un tableau indiquant les résultats en 3 colonnes : nombre de quilles au départ, nombre de quilles renversées, nombre de quilles debout.
Jeu 1 : 11 quilles au départ, 3 sont renversées.
Jeu 2 : 9 quilles au départ. Après, il ne reste que 5 quilles (on ne voit pas les renversées)
Jeu 3 : 2 quilles renversées, 5 debout.
Jeu 4 : 7 quilles au départ, elles sont toutes renversées.
Jeu 5 : 6 quilles renversées, 3 debout.
Jeu 6 : 8 quilles au départ, 1 renversée.
Tu es l'arbitre ; à ton avis, qui a gagné ?

Caractéristiques de la situation

La situation vise à entraîner l'enfant à écrire correctement l'équation d'une situation soustractive et à en calculer le résultat. Conformément au souci de présenter aux enfants des situations les plus ouvertes possibles, les « inconnues » varient d'un exercice à l'autre afin que l'enfant n'applique pas une équation par automatisme.
De même, la question du gagnant est ouverte : elle dépend du point de vue que l'on aborde : le gagnant est-il celui qui a renversé le plus de quilles dans l'absolu, celui chez qui il en reste le moins, celui qui a renversé toutes ses quilles ?

Objectifs spécifiques

Utiliser l'opération soustractive.
Représenter une situation soustractive donnée.

Matériel à prévoir

Éventuellement, un jeu de quilles pour y jouer concrètement si nécessaire.

Déroulement

Préparation

- Introduire en ses propres termes le sujet de la situation **sans la dévoiler :** le jeu de quilles.
- Demander aux enfants de s'exprimer quant à ce jeu : le connaissent-ils ? quelles sont les règles ? Expliciter le terme et le rôle de l'arbitre.

- Faire découvrir l'illustration et laisser les enfants observer la situation-problème selon les prin cipes de la lecture dynamique.
- Faire expliciter les consignes et s'assurer de la compréhension de chacun.

CONSIGNES

1. Dessine les jeux de quilles et écris les scores.
2. Qui a gagné ?

DÉPASSEMENT

4. Dessine les quilles et écris les scores pour l'équation suivante : 9 – 6 = 3

Réalisation

- Dire aux enfants qu'ils peuvent employer du matériel concret s'ils le désirent.
- Exploiter la situation individuellement dans un premier temps.
- Consigne 1. Recherche et résolution.
- Consigne 2. Recherche et résolution.
- Mise en commun par petites équipes de 4. Comparaison des résultats. Discussion. Justifications
- Mise en commun générale et discussion.

Formalisation

- Écrire une soustraction. Introduire les mots « différence », « premier terme » et « second terme ». Observer que le premier terme est toujours le plus grand.
- Prendre conscience que selon la situation, on peut parfois effectuer une addition pour connaître le résultat à la place d'une soustraction : 3 quilles renversées + 9 quilles debout = 11 quilles en tout.

Dépassement

Pour les enfants ayant résolu rapidement le problème (ou pour qui la situation ne pose pas pro- blème), proposer de résoudre la consigne 4.

Piste d'interdisciplinarité

Discussion – débat : le rôle d'un arbitre.
Jouer aux quilles : chacun a son tour joue arbitre et note les résultats.

Exercices

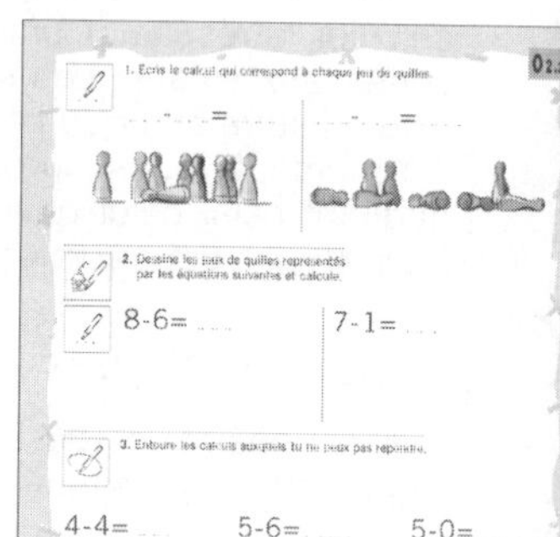
O2.3
1. Écris le calcul qui correspond à chaque jeu de quilles.
2. Dessine les jeux de quilles représentés par les équations suivantes et calcule.
8-6= ... 7-1= ...
3. Entoure les calculs auxquels tu ne peux pas répondre.
4-4= ... 5-6= ... 5-0= ...
4. Calcule.
4-1= ... 5- ... = 1
7-7= ... 2-2= ...
7+4= ...

1. Écris le calcul qui correspond à chaque jeu de quilles.
2. Dessine les jeux de quilles représentés par les équations suivantes et calcule.
   8 – 6 = ...
   7 – 1 = ...
3. Entoure les calculs auxquels tu ne peux pas répondre.
   4 – 4 = ...
   5 – 6 = ...
   5 – 0 = ...
4. Calcule.
   4 – 1 = ...
   7 – 7 = ...
   7 + 4 = ...
   5 -... = 1
   2 – 2 = ...

Exercices supplémentaires

Banque d'exercices

A. Exercices « matière »
O2 p. 59-60 nº 2, 3

02.4 OPÉRATIONS

Palier 2 L'addition et la soustraction sur des nombres de 0 à 20

Situation-Problème 4 *L'aventure dans l'ascenseur*

Structuration	Représentation	**Mise en œuvre**	Intégration	Évaluation

Description

Bande dessinée illustrant deux enfants qui jouent dans l'ascenseur.
Planche 1 : ils poussent sur le bouton du 7e étage.
Planche 2 : ils disent descendre de 2 étages.
Planche 3 : ils remontent de 4 étages.
Planche 4 : ils montent de 2 étages ;
Planche 5 : ils disent descendre de 7 étages.
Planche 6 : ils sont interceptés par un concierge très fâché...
À quel étage sont-ils ?

Caractéristiques de la situation

La situation vise à faire additionner et soustraire les enfants dans une situation qui tout en étant concrète ne se prête pas à manipulation. Les enfants devront « visualiser » la situation, la jouer avec des Playmobils pour ensuite arriver à la représenter sur un plan horizontal, sur une droite des nombres.

Objectifs spécifiques

Opérer des additions et des soustractions.

Matériel à prévoir

Il serait bien de pouvoir disposer de l'illustration en deux exemplaires pour pouvoir écrire dessus. Éventuellement, utiliser un jeu avec des cases (type jeu de l'oie) pour représenter les étages à plat et jouer la scène par exemple avec des Playmobils.

Déroulement

Préparation

- Introduire en ses propres termes le sujet de la situation **sans la dévoiler :** l'utilisation d'un ascenseur.
- Demander aux enfants de s'exprimer quant à l'ascenseur : comment utilise-t-on un ascenseur ? quelle est son utilité ? quels sont les dangers ?
- Faire découvrir l'illustration et laisser les enfants observer la situation-problème selon les principes de la lecture dynamique.
- Demander aux enfants ce qu'ils observent et quel est le problème.
- Faire expliciter les consignes et s'assurer de la compréhension de chacun.

CONSIGNES

1. À quel étage sont les enfants lorsque le concierge les intercepte ?
2. Écris leur voyage sous forme d'équation.

DÉPASSEMENT

3. Combien d'étages compte cet immeuble ?
   Trouve un autre parcours qui arrive au même étage.

Réalisation

- Consignes 1 et 2. Recherche individuelle
- Résolution et vérification des consignes 1 et 2
- Mise en commun par deux et justification.
- Mise en commun générale et vérification. Discussion.

Formalisation

- Demander aux enfants de déterminer quels types d'addition et de soustraction sont illustrés par cette situation (cf. manuel de fixation).
- Mettre en équation une suite d'additions et de soustractions avec calcul de la réponse à la fin.
- Représenter la situation avec des flèches.

Dépassement

Pour les enfants ayant résolu rapidement le problème (ou pour qui la situation ne pose pas problème), proposer de résoudre la consigne 3.
Consignes supplémentaires : représente le chemin inverse pour retourner au départ.
Et si les enfants partaient du 2e étage, où arriveraient-ils ?

Piste d'interdisciplinarité

- Découverte des différents types d'ascenseurs et leurs particularités : à bateaux, monte-charge, télésièges, ...
- Sécurité dans un ascenseur : consignes d'utilisation, jeux interdits, que faire en cas de problème, ...

Exercices

1. À quel étage arriveront les enfants ?
Ils partent du rez-de-chaussée.
Voici leurs voyages :
a) 4 – 2 + 3 – 1
b) 2 + 4 – 5 + 3 – 2 = ...

2. Invente une aventure qui commence et qui se termine au même étage.
Écris le voyage.

3. Complète par + ou –.
8 ... 5 = 3
4 ... 5 = 9
7 ... 2 = 5
4 ... 0 = 4
6 ... 2 = 8

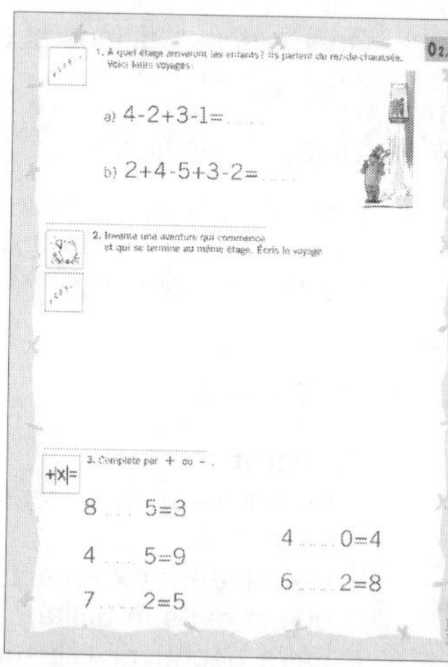
O2.4
1. À quel étage arriveront les enfants ? Ils partent du rez-de-chaussée. Voici leurs voyages :
a) 4-2+3-1= ......
b) 2+4-5+3-2= ......
2. Invente une aventure qui commence et qui se termine au même étage. Écris le voyage
3. Complète par + ou – .
8 ..... 5=3
4 ..... 5=9
7 ..... 2=5
4 ..... 0=4
6 ..... 2=8

Exercices supplémentaires

Banque d'exercices

A. Exercices « matière »
O2 p. 61-62 n° 1 à 3

02.5

OPÉRATIONS

Palier 2 L'addition et la soustraction sur des nombres de 0 à 20

Situation-Problème 5 **Les soldes**

Structuration	Représentation	**Mise en œuvre**	Intégration	Évaluation

Description

Illustration de plusieurs objets avec leur étiquette de prix. Sur chaque étiquette, il y a deux prix : l'ancien prix barré et le nouveau (en solde). À côté de chaque objet, une place est prévue pour indiquer le gain que l'on peut réaliser.
Ours en peluche : 12 euros (10) ; sucette : 20 eurocents (10) ; poupée : 15 euros (13) ; boîte de Playmobil : 8 euros (7) ; livre : 5 euros (2).
Calcule ce que tu peux gagner.
Qu'achèterais-tu et pourquoi ?

Caractéristiques de la situation

La situation vise à faire prendre conscience à l'enfant que les opérations sont utiles continuellement dans la vie quotidienne.
La situation es ouverte : chaque enfant peut faire les choix qu'il souhaite. L'important est qu'il justifie ses choix, non pas nécessairement en termes économiques, mais aussi en termes de goût, d'intérêt, etc.

Objectifs spécifiques

Opérer des soustractions.

Matériel à prévoir

Prévoir de la monnaie afin de pouvoir manipuler les sommes d'argent.

Déroulement

Préparation
- Introduire en ses propres termes le sujet de la situation **sans la dévoiler :** les soldes.
- Demander aux enfants de s'exprimer quant à cette situation : qu'est-ce qu'on appelle les soldes ? quand ont-elles lieu ? pourquoi ont-elles lieu ?
- Faire découvrir l'illustration et laisser les enfants observer la situation-problème selon les principes de la lecture dynamique.
- Demander aux enfants ce qu'ils observent et quel est le problème.
- Faire expliciter les consignes et s'assurer de la compréhension de chacun.

CONSIGNES

1. Calcule les gains que tu peux faire pour chaque objet.
2. Qu'achèterais-tu ? Pourquoi ?

DÉPASSEMENT

3. Range les objets du moins cher au plus cher.

Réalisation

- Consigne 1. Répartition des enfants par deux.
- Recherche et résolution.
- Consigne 2. Discussion et recherche.
- Mise en commun, vérification et discussion.

Formalisation

- Approfondir les notions de bénéfices, d'avantage, de gain.
- Discuter de la nécessité de comparer pour acheter moins cher.
- Établir le rapport entre le prix et le prix soldé dans la vie quotidienne.

Dépassement

Pour les enfants ayant résolu rapidement le problème (ou pour qui la situation ne pose pas problème), proposer de résoudre la consigne 3.

Piste d'interdisciplinarité

- Discuter de la valeur de l'argent, de la différence entre l'envie et le besoin. Prendre conscience des différences entre individus en terme d'envies.
- Les soldes : le pourquoi, le comment, ...
- Chercher des denrées dans des catalogues, des dépliants publicitaires et comparer les prix pour une denrée semblable.

Exercices

1. Calcule ce que tu peux gagner.
2. Que pourrais-tu acheter à ce prix-là ? Cherche dans les publicités.
3. Combien a-t-on gagné ?
7 – ... = 6
8 – ... = 5
7 – ... = 2
6 – ... = 5

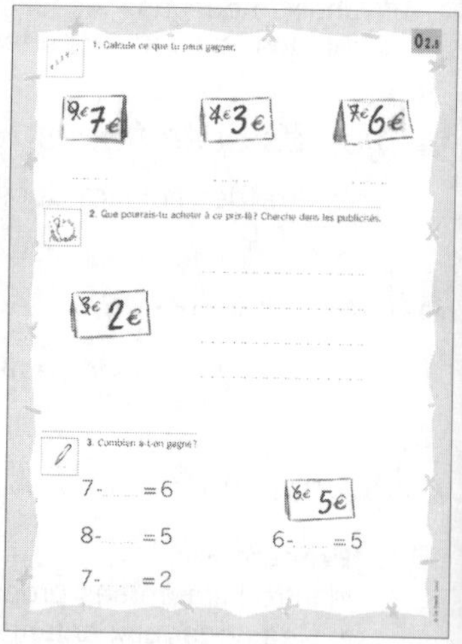

Exercices supplémentaires

Banque d'exercices

A. Exercices « matière »
O2 p. 61-62 nº 1 à 3

02.6 OPÉRATIONS

Palier 2 L'addition et la soustraction sur des nombres de 0 à 20

Situation-Problème 6 ***Qui suis-je ?***

Structuration	Représentation	Mise en œuvre	**Intégration**	Évaluation

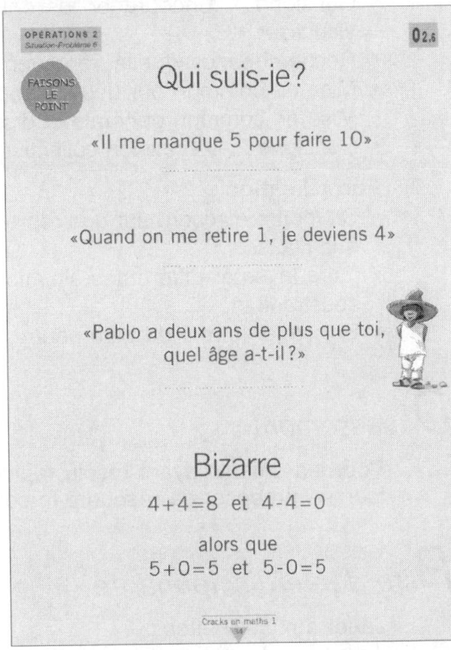
OPÉRATIONS 2
Situation-Problème 6
02.6
FAISONS LE POINT
Qui suis-je?
«Il me manque 5 pour faire 10»
«Quand on me retire 1, je deviens 4»
«Pablo a deux ans de plus que toi, quel âge a-t-il ?»
Bizarre
4+4=8 et 4-4=0
alors que
5+0=5 et 5-0=5
Cracks en maths 1

Description

Qui suis-je ?
« Il me manque 5 pour faire 10 » ...
« Quand on me retire 1, je deviens 4. » ...
« Pablo a 2 ans de plus que toi, quel âge a-t-il ? »
Bizarre :
$4 + 4 = 8$ et $4 - 4 = 0$
alors que
$5 + 0 = 5$ et $5 - 0 = 5$

Caractéristiques de la situation

La situation vise à faire prendre conscience de l'importance de bien comprendre la question posée par une situation-problème afin de reconnaître plus facilement les informations nécessaires, la stratégie à mettre en place.
Les situations présentées reprennent les différentes formes de soustractions.
La deuxième partie de la situation pose la question du rôle neutre du zéro.

Objectifs spécifiques

Prendre conscience des réalités différentes que regroupe la soustraction.
Lire une question.
Faire des liens, mettre en relation.
Cerner le rôle du zéro dans l'addition et la soustraction (neutre).

Matériel à prévoir

Matériel de dessin et pour la deuxième partie de la situation, du matériel de comptage type pions, boutons, jetons, marrons, ...

Déroulement

Préparation
- Introduire en ses propres termes le sujet de la situation **sans la dévoiler :** jeu de « qui suis-je ? »
- Demander aux enfants de s'exprimer quant à ce type de jeu de devinette : le connaissent-ils ? quelles sont les règles ? Imaginer un jeu de devinettes.
- Faire découvrir l'illustration et laisser les enfants observer la situation-problème selon les principes de la lecture dynamique.

- Demander aux enfants ce qu'ils observent et quel est le problème.
- Expliciter les consignes et s'assurer de la compréhension de chacun.

CONSIGNES

1. Résous les 3 devinettes.
2. Bizarre : qu 'est-ce qui est bizarre ?

DÉPASSEMENT

3. Invente trois autres devinettes du même type.

Réalisation

- Consigne 1. Encourager les enfants à représenter graphiquement la situation afin de bien la visualiser.
- Recherche individuelle, représentation graphique, solution et vérification de la consigne 1.
- Mise en commun par deux, comparaison des résultats et justifications.
- Mise en commun générale et discussion.
- Consigne 2. Discussion collective sur le rôle neutre du zéro.

Formalisation

- Se mettre d'accord sur une représentation des différentes formes de soustraction qui sera propre à la classe.
- Faire inventer différentes situations soustractives illustrant chaque fois l'une ou l'autre forme de soustraction.
- Envisager le rôle du zéro neutre.

Dépassement

Pour les enfants ayant résolu rapidement le problème (ou pour qui la situation ne pose pas problème), proposer de résoudre la consigne 3.

Piste d'interdisciplinarité

Jouer aux devinettes.
Jouer à « Qui est-ce ? ».

Exercices

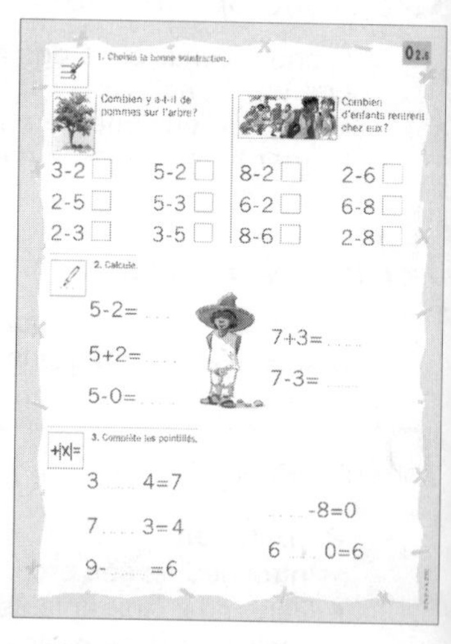

1. Choisis la bonne soustraction en fonction de la question.
   Combien y a-t-il de pommes sur l'arbre ? 3 – 2, 2 – 5, 2 – 3, 5 – 2, 5 – 3, 3 – 5.
   Combien d'enfants rentrent chez eux ? 8 – 2, 6 – 2, 8 – 6, 2 – 6, 6 – 8, 2 – 8.
2. Calcule.
   5 – 2 = ...
   5 + 2 = ...
   7 + 3 = ...
   7 – 3 = ...
   5 – 0 = ...
3. Complète les pointillés.
   3 ... 4 = 7
   7 ... 3 = 4
   9 – ... = 6
   ... – 8 = 0
   6 ... 0 = 6

02.7

OPÉRATIONS

Palier 2 L'addition et la soustraction sur des nombres de 0 à 20

Situation-Problème 7 ***Jeu de fléchettes***

Structuration	Représentation	Mise en œuvre	Intégration	**Évaluation**

Description

Trois amis jouent aux fléchettes. Chacun a 3 fléchettes de deux couleurs différentes. Les fléchettes de même couleur s'additionnent d'abord, ensuite on soustrait la fléchette de couleur différente.

Cible d'Adil. Fléchette rouge : 5 points
2e fléchette rouge : 3 points.
Fléchette verte : 7 points.
Opération : $(5+3)-7$

Cible de Jérôme. Fléchette bleue : 10 points.
2e fléchette bleue : 6 points.
Fléchette jaune : 4 points.
Opération : $(10+6)-4$

Cible de Félix. Fléchette noire : 4 points.
2e fléchette noire : 5 points.
Fléchette mauve : 2 points.
Opération : $(4+5)-2$

Calcule les points de chaque cible.

Caractéristiques de la situation

La situation demandera à l'enfant d'effectuer des additions et des soustractions en situation. Il faudra, en sus qu'il fasse bien attention au code de couleur : les fléchettes de même couleur, sur une même cible, s'additionnent, les fléchettes de couleurs différentes se soustraient : ainsi, pour la première cible, l'opération sera $5 + 3 = 8$ (addition des fléchettes de même couleur) et $8 - 7 = 1$ (soustraction des fléchettes de couleurs différentes).

Objectifs spécifiques

Opérer des additions et des soustractions sur des nombres jusqu'à 20 en situation.
Représenter des additions et des soustractions de nombres de 0 à 20.
Transposer en langage mathématique un énoncé comportant une addition ou/et une soustraction.
Identifier une situation additive et une situation soustractive.
Effectuer des additions et des soustractions sur des nombres de 0 à 20.
Utiliser les symboles + , – et =.

Caractérisation du problème d'évaluation

Variables d'identification			**Variables mathé-matiques**	**Variables d'habillage**				
Répertoire cognitif	Produit attendu	Niveau d'ouverture	Opérations mises en œuvre	Présentation du problème	Place de la question	Ordre de présentation des données	Existence de données parasites	Cadre
problème numérique	*nombres et choix à poser*	*problème fermé semi-ouvert Q 8 et 10 ouvert Q.9*	*voir objectifs spécifiques*	*énoncé écrit et dessin*	*en fin d'énoncé*	*dans l'ordre d'utilisation*	*pas de données parasites*	*situation de loisirs*

Tome 2. Pages 181-199.

Des situations pour s'exercer

– **Jouer avec des fléchettes**. Jeu en équipes, on additionne les points pairs, on soustrait les points impairs.

– **Mes livres**. J'ai 19 livres. Il y en a 5 sur la nature, 4 sur les pays, et les autres sont des histoires. Combien ai-je de livres d'histoires ?

– **Mon anniversaire**. Ma sœur et moi avons notre anniversaire le même mois. Pour le mien, je dois encore dormir 17 fois ; pour le sien, elle doit encore dormir 8 fois. Qui aura son anniversaire en premier lieu ? Si nous sommes le 1er, quel jour auront lieu les anniversaires ? Combien de fois devrai-je encore dormir après l'anniversaire de ma sœur ?

Déroulement

Préparation

- Introduire en ses propres termes le sujet de la situation **sans la dévoiler :** jeu de fléchettes.
- Demander aux enfants de s'exprimer quant à ce type de situation : avez-vous déjà joué avec un jeu de fléchettes ? en quoi consiste-t-il ? quelles sont les règles du jeu ?
- Faire découvrir l'illustration et laisser les enfants observer la situation-problème selon les principes de la lecture dynamique.
- Demander aux enfants ce qu'ils observent, quel est le problème, quelle pourrait être la tâche à réaliser.
- Expliciter les consignes et s'assurer de la compréhension de chacun.

CONSIGNES

Le professeur posera une à une les questions reprises ci-dessous.

Réalisation

Les enfants répondront INDIVIDUELLEMENT et par écrit sur la feuille prévue à cet effet au verso de la situation-problème.
Le professeur corrigera ultérieurement les réponses des élèves.
Une fois les questions posées et l'évaluation achevée, les enfants peuvent résoudre la situation-problème en équipes.

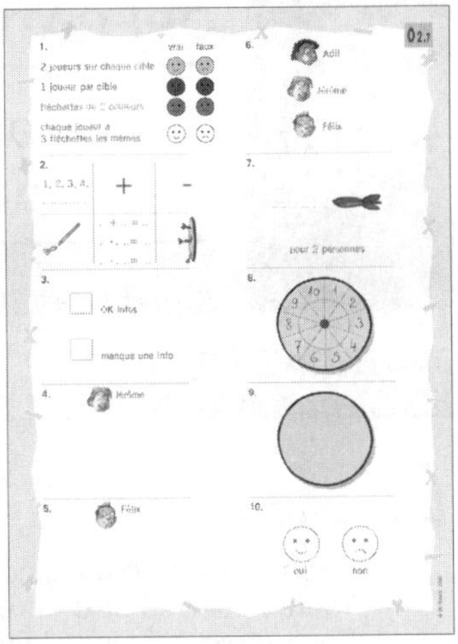

Questions d'évaluation (correctif)

1. Vrai ou faux.
   - Sur chaque cible, il y a deux joueurs. (f)
   - Chacun joue sur une cible. (v)
   - Chaque cible a des fléchettes de couleurs différentes. (v)
   - Chaque joueur a 3 fléchettes les mêmes. (f)
2. Entoure la (les) bonne(s) réponse(s).
   Pour résoudre la situation, je vais devoir :
   - compter.
   - additionner. (X)
   - soustraire. (X)
   - dessiner des fléchettes.
   - écrire des calculs. (X)
   - jouer avec des fléchettes.
3. Mets une X pour la (les) bonne(s) réponse(s).
   Pour résoudre la situation,
   - j'ai toutes les informations nécessaires.(X)
   - il me manque une information.
4. Calcule les points obtenus par Jérôme.
5. Calcule les points obtenus par Félix.
6. Qui a obtenu le moins de points ? Entoure.
7. Combien de fléchettes sont nécessaires pour jouer à 2 personnes ?
8. Place trois fléchettes sur une cible pour obtenir un total de 5.
9. Place trois fléchettes pour obtenir un total de zéro.
10. Pourrais-tu obtenir un total de zéro avec deux fléchettes de la même couleur ?

Grille des critères

Critère 1 **Interprétation**	Critère 2 **Résolution**	Critère 3 **Cohérence**	Critère 4 **Précision**	Critère 5 **Production**
Q. 1, 2, 3	Q. 4, 5, 6, 8	Q. 1, 3, 8	Q. 7, 8, 9	Q. 8, 9, 10
/3	/3	/3	/3	/3

Nous préconisons un seuil d'acquisition de 2/3 pour chaque critère. En cas de non acquisition, se reporter à la banque d'exercices en fonction du (des) critère(s) : partie **A**, pour la résolution de problèmes, et partie **C** pour les critères 1, 3 et 4.

Évaluation uniquement « matière »

La situation-problème évalue l'acquisition de la compétence. Pour une évaluation des contenus, des objectifs spécifiques, se reporter à l'évaluation uniquement « **matière** » **O2** dans la banque d'exercices (partie **E**).

03.1 OPÉRATIONS

Palier 3 L'addition, la soustraction et la multiplication sur des nombres de 0 à 20

Situation-Problème 1 ***Capitaine d'un bateau***

Structuration	Représentation	Mise en œuvre	Intégration	Évaluation

Description

Énoncé à moitié dessiné.
Toute la classe part en excursion.
Pour le pique-nique, il faut traverser une rivière.
Le petit bateau ne peut prendre que 6 enfants à la fois. Nous avons fait 3 trajets pour le pique-nique. Combien sommes-nous ?

Caractéristiques de la situation

La situation vise à familiariser l'enfant avec la situation multiplicative. Il est très important à ce stade d'offrir à l'enfant la possibilité de manipuler concrètement des objets comme support à sa réflexion.
Dans un premier temps, l'enfant effectuera sans doute des additions successives (+ 6), ensuite, il constatera qu'il est plus facile et économique d'effectuer une multiplication.
La situation-problème présente la multiplication sous son aspect de fonction numérique qui multiplie, l'enfant devant retrouver l'opérateur qui a été appliqué ici.

📖 Tome 1. Page 189.

Objectifs spécifiques

Construire une situation multiplicative concrète.
Présenter une situation multiplicative.

Matériel à prévoir

Matériel concret de comptage : marrons, bouchons, jetons, pions, ...
Éventuellement, petites figurines Playmobil ou Légo afin de jouer la scène.

Déroulement

Préparation

- Introduire en ses propres termes le sujet de la situation **sans la dévoiler :** faire un pique-nique avec toute la classe et prendre un bateau.
- Leur demander d'exprimer leurs expériences de transport en bateau, les différents bateaux, leur taille, ...

- Faire découvrir l'illustration et laisser les enfants observer la situation-problème selon les principes de la lecture dynamique.
- Demander aux enfants ce qu'ils observent et quel est le problème.
- Faire expliciter les consignes et s'assurer de la compréhension de chacun.

> CONSIGNES
>
> 1. Combien étaient-ils pour le pique-nique ?
>
> DÉPASSEMENT
>
> 2. Combien de trajets auriez-vous faits avec votre classe ?

Réalisation

- Consigne 1. Recherche par équipes de deux à l'aide de matériel.
- Tâtonnements – solution – vérification.
- Préparation d'une présentation de la stratégie employée pour la résolution de la tâche.
- Mise en commun des présentations – vérification du résultat – justifications – discussion.

Formalisation

- Prendre conscience de l'importance d'expliciter sa stratégie de résolution pour clarifier sa démarche et l'améliorer par la suite.
- Lister tous ensemble les stratégies employées et les afficher en classe. Par exemple, mimer le problème, visualiser la situation « dans sa tête », faire un dessin, utiliser du matériel, dire dans ses mots, ...
- Prendre conscience que la multiplication est une addition répétée.

Dépassement

Pour les enfants ayant résolu rapidement le problème (ou pour qui la situation ne pose pas problème), proposer de résoudre la consigne 2.

Piste d'interdisciplinarité

Thème : les bateaux (les différents types de bateaux, leurs rôles, leurs caractéristiques, leurs tailles).

Exercices

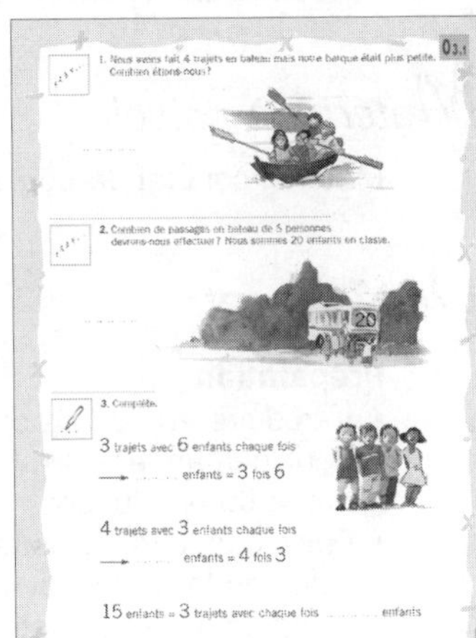
O3.1
1. Nous avons fait 4 trajets en bateau mais notre barque était plus petite. Combien étions-nous ?
2. Combien de passages en bateau de 5 personnes devrons-nous effectuer ? Nous sommes 20 enfants en classe.
3. Complète.
3 trajets avec 6 enfants chaque fois → ...... enfants = 3 fois 6
4 trajets avec 3 enfants chaque fois → ...... enfants = 4 fois 3
15 enfants = 3 trajets avec chaque fois ...... enfants → ......

1. Nous avons fait 4 trajets en bateau, mais notre barque était plus petite.
2. Combien de passages en bateau de 5 personnes devrons-nous effectuer ?
   Nous sommes 20 enfants en classe.
3. Complète.
   3 voyages avec 6 enfants chaque fois = ... enfants = 3 fois 6.
   4 voyages avec 3 enfants chaque fois = ... enfants = 4 fois 3
   15 enfants = 3 voyages avec ... enfants chaque fois = 3 fois ...

Exercices supplémentaires

Banque d'exercices

A. Exercices « matière »
O3 p. 63-64 n° 1 à 4

03.2

OPÉRATIONS

Palier 3 L'addition, la soustraction et la multiplication sur des nombres de 0 à 20

Situation-Problème 2 ***Cadeau***

Structuration	Représentation	Mise en œuvre	Intégration	Évaluation

Description

Problème dessiné.
J'ai 4 amies. Je voudrais leur faire un cadeau. Comme j'ai peur qu'elles soient jalouses, je voudrais qu'elles aient toutes la même chose. Je vais fabriquer deux bracelets pour chacune.
Combien dois-je en faire ?

Caractéristiques de la situation

Cette situation explore la notion de multiplication dans le sens de l'association d'un produit à deux facteurs. Il s'agit de l'optique « opération mathématique » qui combine deux nombres pour arriver à un résultat. Précisons que la multiplication est l'opération, le produit est le résultat de cette opération.

Tome 1. Page 189.

Objectifs spécifiques

Opérer concrètement une situation multiplicative.
Présenter une situation multiplicative.

Matériel à prévoir

Matériel concret de comptage : marrons, bouchons, jetons, pions, ...

Déroulement

Préparation

- Introduire en ses propres termes le sujet de la situation **sans la dévoiler :** offrir des cadeaux.
- Leur demander d'exprimer leur vécu en terme de jalousie entre copains, leurs sentiments, leur mode de résolution.
- Faire découvrir l'illustration et laisser les enfants observer la situation-problème selon les principes de la lecture dynamique.
- Demander aux enfants ce qu'ils observent et quel est le problème.
- Faire expliciter les consignes et s'assurer de la compréhension de chacun.

CONSIGNES

1. Combien de bracelets vais-je devoir fabriquer ?

DÉPASSEMENT

2. J'ai déjà fabriqué 13 bracelets, combien dois-je encore en faire si je veux que chacune de mes 7 amies ait 3 bracelets ?

Réalisation

- Consigne 1. Exploiter la situation individuellement.
- Recherche d'une solution – vérification avec du matériel.
- Demander aux enfants de préparer un dessin présentant leur solution personnelle au problème.
- Mise en commun et discussion.

Formalisation

- Élaborer une représentation graphique des deux situations différentes de multiplications. Par exemple, en arbre : 4 amies et chacune deux bracelets.

Dépassement

Pour les enfants ayant résolu rapidement le problème (ou pour qui la situation ne pose pas problème), proposer de résoudre la consigne 2.

Piste d'interdisciplinarité

Fabriquer des bracelets en perles de couleur en créant des rythmes de perles.

Exercices

1. 4 amies et 3 bracelets pour chacune. Combien de bracelets à fabriquer ?
2. Si j'offre 5 billes à chacun de mes 3 meilleurs copains, ça fait combien de billes ?
3. Complète.
   4 billes à chacun de mes 3 copains = ... billes = 4 fois 3.
   ... bracelet à chacune de mes 9 amies = 9 bracelets = ... fois 9.
   2 bracelets à chacune de mes ... amies = 12 bracelets = ... fois ...

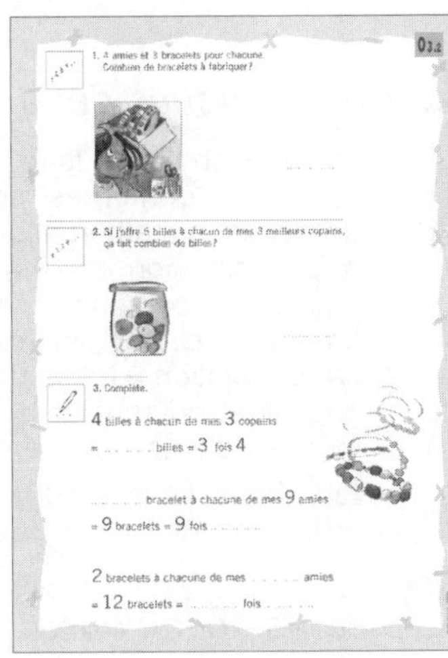

O3.2

1. 4 amies et 3 bracelets pour chacune.
Combien de bracelets à fabriquer ?

2. Si j'offre 5 billes à chacun de mes 3 meilleurs copains, ça fait combien de billes ?

3. Complète.

4 billes à chacun de mes 3 copains
= .... billes = 3 fois 4

.... bracelet à chacune de mes 9 amies
= 9 bracelets = 9 fois ....

2 bracelets à chacune de mes .... amies
= 12 bracelets = ... fois ....

Exercices supplémentaires

Banque d'exercices

A. Exercices « matière »

O3 p. 65-66 n° 1 à 5

03.3

OPÉRATIONS

Palier 3 L'addition, la soustraction et la multiplication sur des nombres de 0 à 20

Situation-Problème 3 ***À la récré***

Structuration	**Représentation**	Mise en œuvre	Intégration	Évaluation

Description

Différents dessins.
- Trois groupes de 2 enfants qui jouent à deux à la balle.
- Deux groupes de 3 enfants qui jouent à l'élastique.
- Un groupe de 6 enfants qui jouent au foot.
- Deux groupes de 4 enfants qui jouent aux billes.
- Trois groupes de 4 enfants qui jouent à la marelle.
- 2 enfants parlent sur un banc.
- 5 enfants sont disséminés dans la cour. Ils sont seuls.

Différents calculs :
3×2, 2×3, 1×6, 2×4, 3×4, 1×2, 5×1.
Écris les calculs à la bonne place.

Caractéristiques de la situation

La situation vise à faire associer des situations dessinées et concrètes pour les enfants avec des expressions mathématiques abstraites ; il est évident qu'une situation intermédiaire est indispensable : la représentation semi-concrète de la situation qui fera apparaître clairement les groupements.
La formulation « n fois un nombre » a été jusqu'ici privilégiée parce qu'elle est plus proche du langage oral courant et qu'elle est moins abstraite que les formes « × 2 », « × 3 », etc. ; c'est le moment d'y associer le signe mathématique « × ».

Tome 1. Page 190.

Objectifs spécifiques

Symboliser une situation multiplicative en langage mathématique.
Associer une situation dessinée et une équation mathématique.
Introduire le signe mathématique « × ».

Matériel à prévoir

Matériel concret de comptage : marrons, bouchons, jetons, ...

Déroulement

Préparation

- Introduire en ses propres termes le sujet de la situation **sans la dévoiler :** les jeux à la récréation.
- Demander aux enfants d'exprimer leur expérience de la récréation, à quoi jouent-ils, avec qui, aiment-ils la récréation, pourquoi, ...
- Faire découvrir l'illustration et laisser les enfants observer la situation-problème selon les principes de la lecture dynamique.
- Demander aux enfants ce qu'ils observent et quel est le problème.
- S'assurer qu'ils lisent « fois » le symbole de la multiplication.
- Faire expliciter les consignes et s'assurer de la compréhension de chacun.

> CONSIGNES
>
> 1. Écris les calculs à la bonne place.
>
> DÉPASSEMENT
>
> 2. Raconte la situation et illustre le calcul : 5 × 3.

Réalisation

- Consigne 1.Exploiter la situation par équipes de deux enfants.
- Demander aux enfants de représenter la situation à l'aide d'un dessin dans lequel les enfants sont symbolisés par des points.
- Recherche – solution – vérification.
- Mise en commun – communication – justification.

Formalisation

- Faire une affiche reprenant les représentations semi-concrètes des différentes équations.
- Demander aux enfants de dessiner d'autres situations multiplicatives et de trouver les équations et vice versa.
- Associer le symbole de multiplication « X » à « fois » et vice versa.

Dépassement

Pour les enfants ayant résolu rapidement le problème (ou pour qui la situation ne pose pas problème), proposer de résoudre la consigne 2.

Piste d'interdisciplinarité

Répertorier tous les jeux que l'on peut jouer à la récréation : réaliser une fiche par jeu avec les règles du jeu, le nombre de joueurs, la durée du jeu, les variantes possibles.

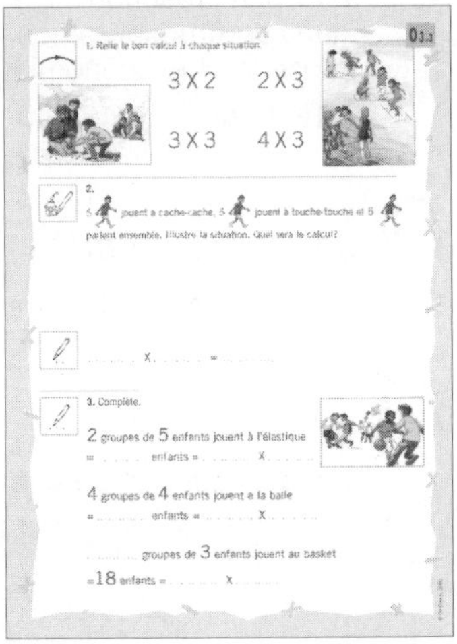

Exercices

1. Relie le bon calcul à chaque situation.
   3 × 2 ; 2 × 3 ; 3 × 3 ; 4 × 3.
2. Cinq enfants jouent à cache-cache, cinq enfants jouent à touche-touche et cinq enfants parlent ensemble.
   Illustre la situation.
   Quel sera le calcul ?
3. 2 groupes de 5 enfants jouent à l'élastique = ... enfants = ... × ...
   4 groupes de 4 enfants jouent à la balle = ... enfants = ... × ...
   ... groupes de 3 enfants jouent au basket = 18 enfants = ... × ...

03.4 OPÉRATIONS

Palier 3 L'addition, la soustraction et la multiplication sur des nombres de 0 à 20

Situation-Problème 4 **La mousse au chocolat**

Structuration	Représentation	**Mise en œuvre**	Intégration	Évaluation

Description

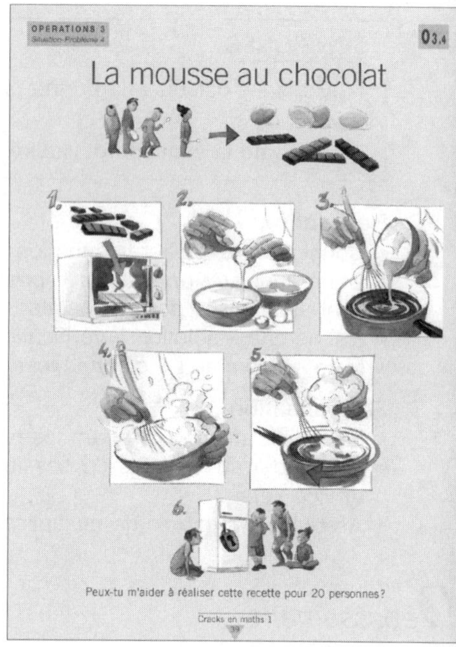

Recette dessinée de la mousse au chocolat.
Cinq étapes : 1. Faire fondre le chocolat au micro-ondes.
2. Casser les œufs et séparer les jaunes des blancs.
3. Mélanger le chocolat fondu et les jaunes d'œufs.
4. Monter les blancs d'œufs en neige.
5. Mélanger très délicatement le tout en tournant toujours dans le même sens.
6. Laisser quelques heures au frigo.

Ingrédients : il faut quatre bâtons de chocolat et 4 œufs pour 4 personnes.
Peux-tu m'aider à réaliser cette recette pour 20 personnes ?

Caractéristiques de la situation

La situation vise à démontrer à nouveau que l'opération multiplicative fait partie de la vie courante. La situation illustre la fonction numérique multiplicative.
La difficulté réside ici dans la stratégie à mettre en œuvre pour trouver l'opérateur à appliquer aux ingrédients pour adapter la recette prévue pour 4 à un groupe de 20 personnes.
L'adulte verra une division dans cette situation en se basant sur la complémentarité de ces deux opérations, mais l'enfant, n'ayant pas encore été introduit à cette notion, effectuera une multiplication pour résoudre la situation. L'enfant traitera même peut-être la situation de manière additive dans un premier temps, le rôle de l'enseignant sera alors de lui montrer que la multiplication est un procédé plus économique : $5 \times 4 = 20$ est plus économique que $4 + 4 + 4 + 4 + 4 = 20$

Tome 1. Page 189.

Objectifs spécifiques

Opérer une situation multiplicative.

Matériel à prévoir

Matériel concret de comptage : marrons, bouchons, jetons, ...

Déroulement

Préparation

- Introduire en ses propres termes le sujet de la situation **sans la dévoiler :** réaliser une bonne recette.
- Demander aux enfants s'ils aiment la mousse au chocolat, quels desserts ils préfèrent.
- Faire découvrir l'illustration et laisser les enfants observer la situation-problème selon les principes de la lecture dynamique.
- Faire expliciter les consignes et s'assurer de la compréhension de chacun.

> CONSIGNES
>
> 1. Peux-tu m'aider à réaliser cette recette pour 20 personnes ?
>
> DÉPASSEMENT
>
> 2. De combien de barres de chocolat aurez-vous besoin pour réaliser la recette en classe ? Et d'œufs ?

Réalisation

- Consigne 1. Exploiter la situation par équipes de quatre enfants.
- Demander aux enfants de garder une trace écrite de leurs recherches, de la stratégie employée.
- Recherche – solution – vérification.
- Mise en commun de la solution – vérification.
- Mise en commun des stratégies – discussion.

Formalisation

- Prendre conscience de la variété des stratégies possibles.
- Représentation de la multiplication.

Dépassement

Pour les enfants ayant résolu rapidement le problème (ou pour qui la situation ne pose pas problème), proposer de résoudre la consigne 2.

Piste d'interdisciplinarité

Lire, dessiner, réaliser, écrire la recette.

Exercices

1. Ce soir, nous serons 16 personnes.
   Combien de paquets de 8 bâtons de chocolat vais-je devoir acheter ?
   Combien de boîtes de 6 œufs vais-je devoir acheter ?
2. Je fais une mousse avec 2 × 6 bâtons de chocolat.
   Combien de personnes serons-nous ce soir ? Combien d'œufs faut-il ?
3. J'ai employé 4 boîtes entières d'œufs pour le dessert. Les œufs se vendent par 6.
   Combien y a-t-il d'œufs ?

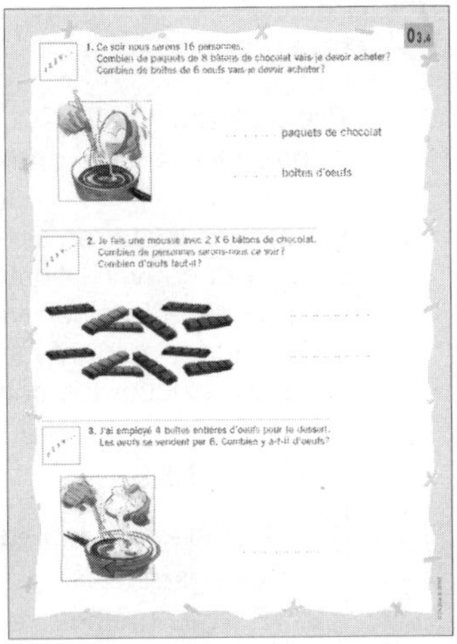

03.5 OPÉRATIONS

Palier 3 L’addition, la soustraction et la multiplication sur des nombres de 0 à 20

Situation-Problème 5 **Nouvelles tables**

Structuration	Représentation	**Mise en œuvre**	Intégration	Évaluation

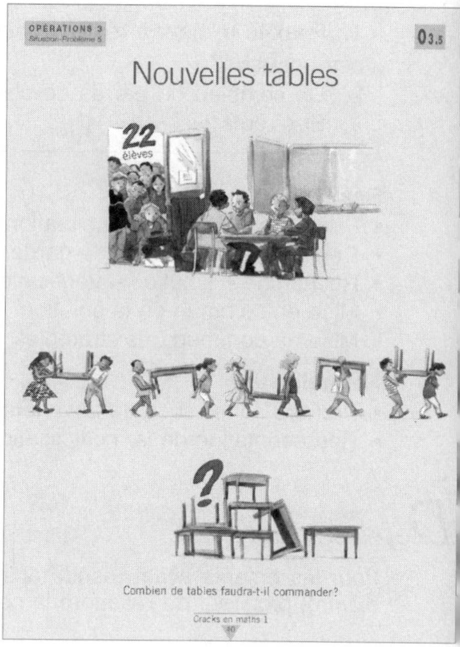

Description

Illustration des nouvelles tables que l’on va mettre en classe. Quatre enfants peuvent s’installer autour d’une table. La classe compte 22 enfants.
Combien de tables faudra-t-il commander ?

Caractéristiques de la situation

La situation apparaît de prime abord, au regard de l’adulte, comme étant une situation de division. En réalité, l’enfant aura vraisemblablement recours à des additions successives pour trouver la solution à la question posée. L’enseignant pourra alors établir la relation qui existe entre les additions successives d’une même quantité et la multiplication.

Objectifs spécifiques

Construire une multiplication à l’aide d’additions.
Faire le lien entre l’addition et la multiplication.

Matériel à prévoir

Matériel concret de comptage : marrons, bouchons, jetons, ...

Déroulement

Préparation

- Introduire en ses propres termes le sujet de la situation **sans la dévoiler :** changer les bancs de la classe.
- Demander aux enfants de dessiner tous les types de bureau d’école qu’ils connaissent.
- Faire découvrir l’illustration et laisser les enfants observer la situation-problème selon les principes de la lecture dynamique.
- Demander aux enfants ce qu’ils observent et quel est le problème.
- Faire expliciter les consignes et s’assurer de la compréhension de chacun.

CONSIGNES

1. Combien de tables faudra-t-il commander ?

DÉPASSEMENT

2. Si vous mettiez ce style de tables dans votre classe, combien en faudrait-il ?

Réalisation

- Consigne 1. Exploiter la situation de manière individuelle.
- Demander aux enfants de mettre par écrit leur manière de procéder.
- Recherche – solution – vérification individuelle.
- Mise en commun – communication de la solution – discussion.
- Mise en commun des stratégies – justification.

Formalisation

- Demander combien d'enfants on pourrait encore accueillir en classe en gardant le même nombre de tables.
- Établir le lien entre l'addition et la multiplication sous forme d'équation. Attirer l'attention sur l'économie d'opérations permises par l'utilisation de la multiplication.

Dépassement

Pour les enfants ayant résolu rapidement le problème (ou pour qui la situation ne pose pas problème), proposer de résoudre la consigne 2.

Exercices

1. En classe, nous avons 5 tables de 4 enfants mais deux chaises sont toujours vides.
   Combien sommes-nous ?
2. Comme la classe est très petite, nous nous asseyons à 6 par table. Nous avons 3 tables et un ancien banc de deux personnes.
   Combien sommes-nous ?
3. Nous sommes 24 élèves. Nous avons besoin
   - soit de ... tables de 3 personnes
   - soit de ... tables de 4 personnes
   - soit de ... tables de 6 personnes

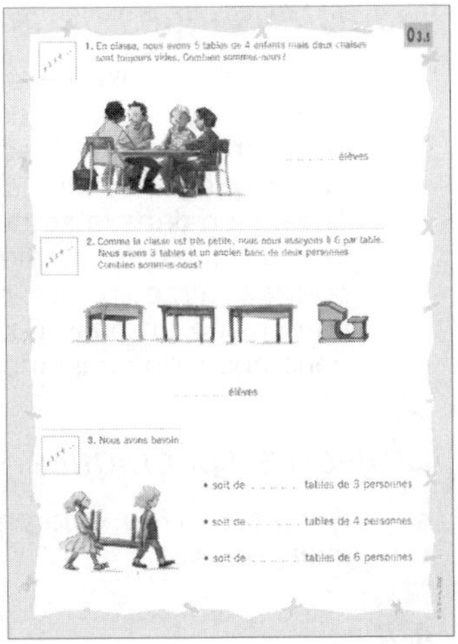
O3.5

1. En classe, nous avons 5 tables de 4 enfants mais deux chaises sont toujours vides. Combien sommes-nous ?

.... élèves

2. Comme la classe est très petite, nous nous asseyons à 6 par table. Nous avons 3 tables et un ancien banc de deux personnes. Combien sommes-nous?

.... élèves

3. Nous avons besoin

- soit de .... tables de 3 personnes
- soit de .... tables de 4 personnes
- soit de .... tables de 6 personnes

03.6 OPÉRATIONS

Palier 3 L'addition, la soustraction et la multiplication sur des nombres de 0 à 20

Situation-Problème 6 ***Histoire de pieds***

Structuration	Représentation	Mise en œuvre	Intégration	Évaluation

Description

Combien avons-nous de pieds tous ensemble, en classe ?

Caractéristiques de la situation

La situation explore des nombres que les enfants ne maîtrisent pas encore complètement. Néanmoins, ils peuvent arriver à la résolution de ce problème grâce au comptage. De plus, l'intérêt de la situation réside davantage dans la stratégie mise en place que dans le résultat en lui-même. Une situation comparable pourrait introduire les enfants à notre système de numération en base dix : combien de doigts possédons-nous tous ensemble ?

Objectifs spécifiques

Représenter de différentes manières une situation multiplicative.

Matériel à prévoir

Matériel concret de comptage : marrons, bouchons, jetons, ...
Eventuellement, utiliser toutes les chaussures.

Déroulement

Préparation

- Introduire en ses propres termes le sujet de la situation **sans la dévoiler :** une histoire de pieds.
- Demander aux enfants combien de pieds ils ont chacun ; combien de pieds droits ils ont à deux ; combien de paires de chaussettes ils ont à trois, ...
- Faire découvrir l'illustration et laisser les enfants observer la situation-problème.
- Demander aux enfants ce qu'ils observent et quel est le problème.
- Expliciter les consignes et s'assurer de la compréhension de chacun.

> CONSIGNES
>
> 1. Combien avons-nous de pieds tous ensemble, en classe ?
>
> DÉPASSEMENT
>
> 2. Combien d'orteils cela fait-il ?

Réalisation

- Consigne 1. Exploiter la situation de manière individuelle.
- Recherche – calculs – comptages.
- Mise en commun de la recherche par deux.
- Relance de la recherche à deux – utilisation de matériel.
- Représentation graphique de la stratégie mise en place.
- Mise en commun des stratégies – discussion.
- Relance de la recherche par petites équipes de même stratégie (si nécessaire).
- Solution – vérification.
- Communication de la solution et justification.

Formalisation

- Prendre conscience de la richesse du travail de groupe.
- Représentations graphiques de la recherche et donc des multiplications.

Dépassement

Pour les enfants ayant résolu rapidement le problème (ou pour qui la situation ne pose pas problème), proposer de résoudre la consigne 2.

Exercices

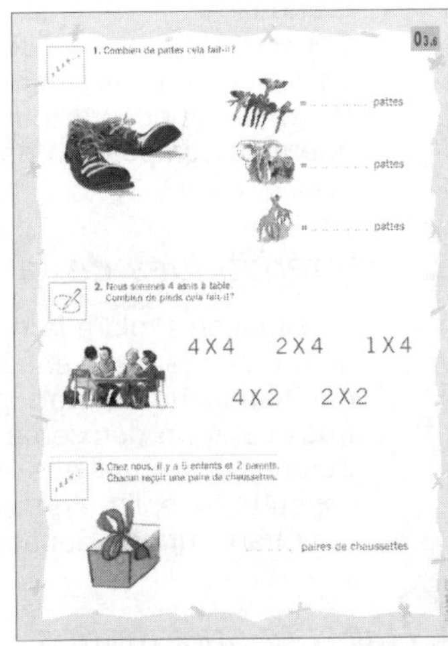

1. Combien de pattes cela fait-il ?
   7 oiseaux – 3 éléphants – 2 girafes.
2. Nous sommes 4 assis à table. Combien de pieds cela fait-il ?
   Entoure le bon calcul.
   4×4 – 2×4 – 1×4 – 4×2 – 2×2.
3. Chez nous, il y a 5 enfants et 2 parents. Chacun reçoit une nouvelle paire de chaussettes.
   … paires de chaussettes.

Palier 3 L'addition, la soustraction et la multiplication sur des nombres de 0 à 20

Situation-Problème 7 **Des brochettes de bonbons**

Structuration	Représentation	Mise en œuvre	Intégration	Évaluation

Description

Deux belles brochettes de bonbons. L'enfant doit retrouver la composition précise de la brochette : nombre de lards, de souris, de petites bouteilles de coca, ... et l'indiquer dans le tableau prévu à cet effet.
Les bonbons sont groupés en plusieurs petits groupes.
Ensuite, l'enfant doit composer lui-même une brochette en se conformant au tableau.
Enfin, il composera tout seul une brochette et indiquera sa composition dans le tableau.

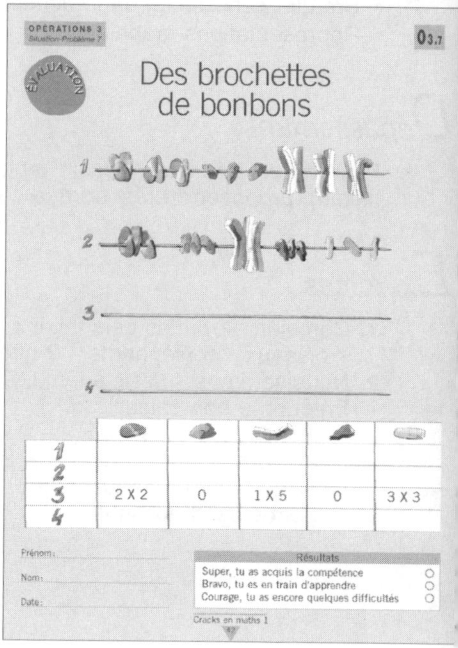

OPÉRATIONS 3
Situation-Problème 7

03.7

ÉVALUATION

Des brochettes de bonbons

1

2

3

4

1					
2					
3	2 X 2	0	1 X 5	0	3 X 3
4					

Prénom :
Nom :
Date :

Résultats
Super, tu as acquis la compétence
Bravo, tu es en train d'apprendre
Courage, tu as encore quelques difficultés

Cracks en maths 1

Caractéristiques de la situation

La situation explore la notion de multiplication : dans un premier temps, l'enfant doit transcrire en langage mathématique les groupements de bonbons illustrés ; dans un deuxième temps, les enfants devront illustrer des équations mathématiques de manière concrète et enfin, l'enfant composera une situation et la transcrira en équation.

Objectifs spécifiques

Représenter une situation multiplicative, ainsi que des situations additives et soustractives.
Transposer en langage mathématique un énoncé comportant une addition, une soustraction et/ou une multiplication, écrire l'équation d'une opération multiplicative.
Identifier une situation additive, une situation soustractive, une situation multiplicative, lire une équation multiplicative.
Effectuer des additions, des soustractions et des multiplications sur des nombres jusqu'à 20 en situation.
Utiliser les symboles + , − , × et =.

Caractérisation du problème d'évaluation

Variables d'identification			Variables mathé-matiques	Variables d'habillage				
Répertoire cognitif	Produit attendu	Niveau d'ouverture	Opérations mises en œuvre	Présentation du problème	Place de la question	Ordre de présentation des données	Existence de données parasites	Cadre
problème numérique	*nombres et choix à poser*	*problème fermé semi-ouvert pour la Q 8 ouvert pour la Q.9*	*voir objectifs spécifiques*	*dessin et graphique*	*en fin d'énoncé*	*dans l'ordre d'utilisation*	*pas de données parasites*	*pratique quotidienne*

Tome 2. Pages 181-199.

Des situations pour s'exercer

– **Classements.** Classons les feuilles de notre classeur : présentation d'un tableau qui indique combien de feuilles ont été vues, lecture du tableau, confrontation avec la réalité : combien de situations-problèmes NOMBRES, combien de feuilles OPERATIONS, ... Combien t'en manque-t-il ? ...

– **Formation d'équipes.** Le maître demande aux enfants de se grouper en 7×3 (7 fois 3), de se diviser en 4 groupes, d'écrire la phrase-calcul et de déterminer combien ils sont, se partager en 5 équipes, faire des groupes de 4 personnes, ...

-**Les dîners à commander.** Le lundi matin, chacun doit déterminer combien de repas chauds il prendra à l'école sur la semaine : par petites équipes de 4 ou 5, les enfants déterminent combien de repas commander. Construction du tableau des jours de la semaine : dans notre équipe, $5 \times$ le dîner de lundi, $3 \times$ le dîner de mardi, ... additionnons toutes les commandes des équipes par jour.

Déroulement

Préparation

- Introduire en ses propres termes le sujet de la situation **sans la dévoiler :** des brochettes de bonbons.
- Demander aux enfants si ils ont déjà réalisé des brochettes de bonbons, à quelle occasion, comment s'y sont-ils pris ?
- Faire découvrir l'illustration et laisser les enfants observer la situation-problème selon les principes de la lecture dynamique.
- Demander aux enfants ce qu'ils observent et quel est le problème.
- Expliciter les consignes et s'assurer de la compréhension de chacun.

> CONSIGNES
>
> Le professeur posera une à une les questions reprises ci-dessous, après s'être bien assuré que les enfants aient compris qu'il faut 15 bonbons par brochette, de trois sortes différentes au moins.

Réalisation

Les enfants répondront INDIVIDUELLEMENT et par écrit sur la feuille prévue à cet effet au verso de la situation-problème.
Le professeur corrigera ultérieurement les réponses des élèves.
Une fois les questions posées et l'évaluation achevée, les enfants peuvent résoudre la situation-problème en équipes.

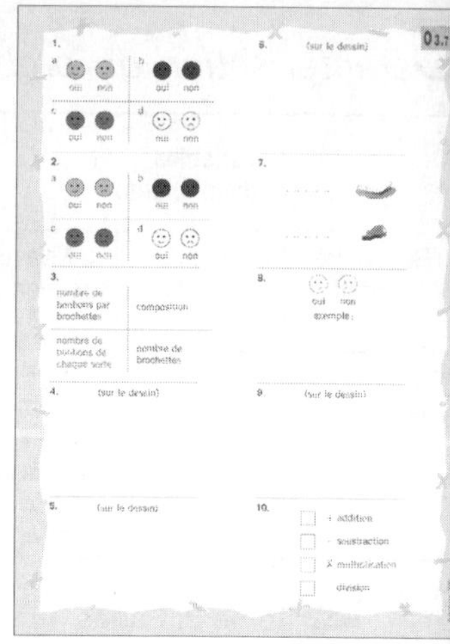

Questions d'évaluation (correctif)

1. Est-il important ou non de te donner ces informations supplémentaires ?
   a. Je me brosse les dents après chaque repas. (NON)
   b. Il faut 15 bonbons par brochette. (OUI)
   c. J'adore les souris noires. (NON)
   d. Il faut au moins 3 sortes de bonbons par brochette. (OUI)
   Entoure les bonnes réponses.
2. Est-ce possible ou pas (en tenant compte des informations données en 1) ?
   a. Ma brochette compte 20 bonbons. (NON)
   b. Ma brochette compte 5 sortes de bonbons. (OUI)
   c. Ma brochette compte moins que 10 bonbons. (NON)
   d. Il n'y a que des lards sur ma brochette. (NON)
   Entoure les bonnes réponses.
3. Tu cherches.
   a. le nombre de bonbons par brochette. (NON)
   b. la composition exacte des brochettes : ce qu'il y a comme bonbons sur chaque brochette. (OUI)
   c. le nombre de bonbons de chaque sorte sur les brochettes. (OUI)
   d. le nombre de brochettes. (NON)
   Entoure les bonnes réponses.
4. Complète le tableau en définissant la composition de la brochette 1. (3×2, 3×1, 3×2, 0, 0)
5. Complète le tableau de la brochette 2. (1×3, 1×3, 1×3, 1×3, 3×1)
6. Compose la brochette 3 en fonction du tableau. (dessin)
7. Calcule le nombre total de lards et de petites bouteilles de coca sur les 3 premières brochettes. (addition : 14 lards et 3 petites bouteilles de coca)
8. Pourrais-tu indiquer autrement le nombre de bonbons de chaque sorte dans le tableau ? Comment ? (par un nombre ou une addition.)
9. Compose une brochette toute personnelle.
10. Quel(s) calcul(s) effectuer pour savoir combien de bonbons acheter pour 22 enfants ? Comment ? Addition, soustraction, multiplication, division ? (22×15 : une multiplication).

Grille des critères

Critère 1 **Interprétation**	Critère 2 **Résolution**	Critère 3 **Cohérence**	Critère 4 **Précision**	Critère 5 **Production**
Q. 1, 2, 3	Q. 4, 5, 6, 7	Q. 2, 3, 6, 10	Q. 3, 6, 7, 9	Q. 8, 9, 10
/3	/4	/4	/4	/3

Nous préconisons un seuil d'acquisition de 2/3 pour chaque critère. En cas de non acquisition, se reporter à la banque d'exercices en fonction du (des) critère(s) : partie **A**, pour la résolution de problèmes, et partie **C** pour les critères 1, 3 et 4.

Évaluation uniquement « matière »

La situation-problème évalue l'acquisition de la compétence. Pour une évaluation des contenus, des objectifs spécifiques, se reporter à l'évaluation uniquement « **matière** » **O3** dans la banque d'exercices (partie **E**).

04.1 OPÉRATIONS

Palier 4 L'addition, la soustraction, la multiplication et la division sur des nombres de 0 à 20

Situation-Problème 1 **Désordre dans la salle de bain**

Structuration	Représentation	Mise en œuvre	Intégration	Évaluation

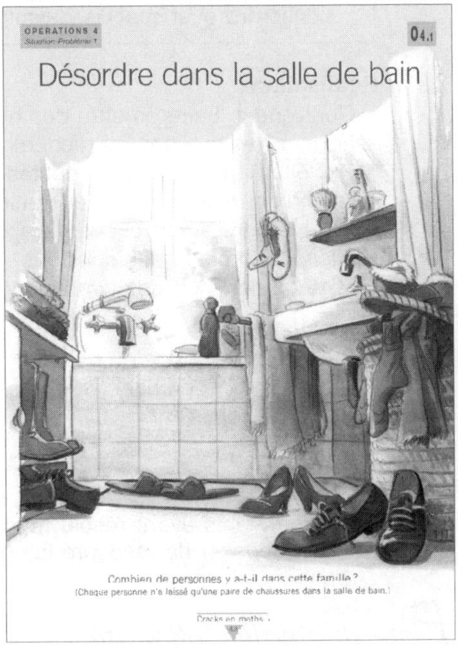

Description

Illustration d'une salle de bain plus vraie que nature : 14 chaussures sont disséminées çà et là...
Combien de personnes y a-t-il dans cette famille ? (Chaque personne n'a laissé qu'une paire de chaussures dans la salle de bain.)

Caractéristiques de la situation

La situation vise à initier les enfants au concept de division. La division peut être comprise de deux façons :
– il y a la division « partage » : je partage une quantité donnée en un nombre donné de parts, je cherche la valeur d'une part ;
– il y a la division « contenance » : je cherche combien de parts je peux faire avec la quantité donnée.
Ici, la situation illustre la division « contenance » : je cherche combien de paires de chaussures pour savoir combien de personnes compte la famille. Les enfants procéderont peut-être par comptages dans un premier temps : (2 chaussures (= 1 personne) + 2 chaussures (= 1 personne) + 2 chaussures (= 1 personne), ...) . Il conviendra de leur montrer l'économie de l'opération « division ».

Tome 1. Pages 194-195.

Objectifs spécifiques

Induire la notion de division par une situation concrète.
Représenter concrètement une division et introduire son signe « : ».

Matériel à prévoir

Matériel concret de comptage : marrons, bouchons, jetons, ...

Déroulement

Préparation

- Introduire en ses propres termes le sujet de la situation **sans la dévoiler :** désordre à la salle de bain.

- Interroger les enfants sur l'ordre à la maison, ce qu'ils en pensent, quelles difficultés rencontrent-ils ?, comment améliorer l'ordre ?, ...
- Faire découvrir l'illustration et laisser les enfants observer la situation-problème selon les principes de la lecture dynamique.
- Demander aux enfants ce qu'ils observent et quel est le problème.
- Faire expliciter les consignes et s'assurer de la compréhension de chacun.

CONSIGNES

1. Combien de personnes y a-t-il dans cette famille ?

DÉPASSEMENT

2. Combien de chaussures pourrait-on compter dans ta salle de bain (si elle était aussi en désordre et si chacun y avait aussi laissé une paire de chaussures.)

Réalisation
- Consigne 1. Faire émettre des hypothèses quant à la stratégie de résolution.
- Former des groupes de recherche en fonction de l'adhésion aux hypothèses.
- Exploiter la recherche en petites équipes de 2 ou 3.
- Recherche – solution – vérification.
- Faire décrire et représenter graphiquement la stratégie employée.
- Mise en commun des solutions – justification.
- Mise en commun des stratégies – discussion.

Formalisation
- Prendre conscience du concept de division.
- Représenter l'opération.

Dépassement

Pour les enfants ayant résolu rapidement le problème (ou pour qui la situation ne pose pas problème), proposer de résoudre la consigne 2.

Piste d'interdisciplinarité

Thème de discussion : l'ordre (pourquoi ? comment ?)

Exercices

1. J'ai compté 18 chaussures dans le vestiaire.
Combien de paires de chaussures cela fait-il ?

2. Complète ce tableau si tu sais que chaque personne a une paire de chaussures.

3. Complète.
6 chaussures : 2 = 3 paires de chaussures.
12 chaussures : 2 = ... paires de chaussures.
... chaussures : 2 = 4 paires de chaussures.
8 chaussures : ... = ... paires de chaussures.

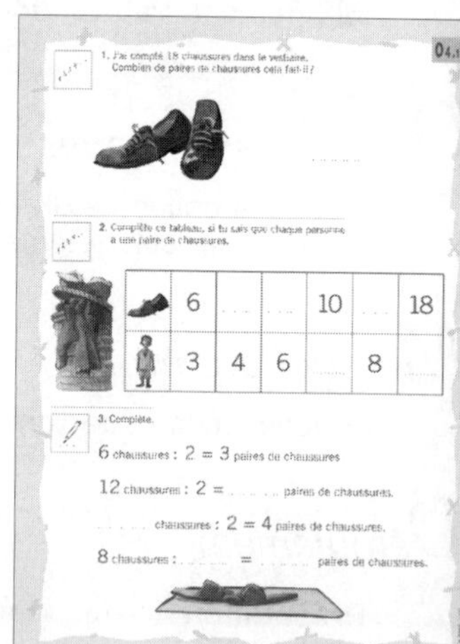

O4.1

1. J'ai compté 18 chaussures dans le vestiaire.
Combien de paires de chaussures cela fait-il ?

2. Complète ce tableau, si tu sais que chaque personne a une paire de chaussures.

6	...	...	10	...	18
3	4	6	...	8	...

3. Complète.

6 chaussures : 2 = 3 paires de chaussures

12 chaussures : 2 = ... paires de chaussures.

...... chaussures : 2 = 4 paires de chaussures.

8 chaussures : ...... = ... paires de chaussures.

04.2 OPÉRATIONS

Palier 4 L'addition, la soustraction, la multiplication et la division sur des nombres de 0 à 20

Situation-Problème 2 ***Origami***

Structuration	Représentation	Mise en œuvre	Intégration	Évaluation

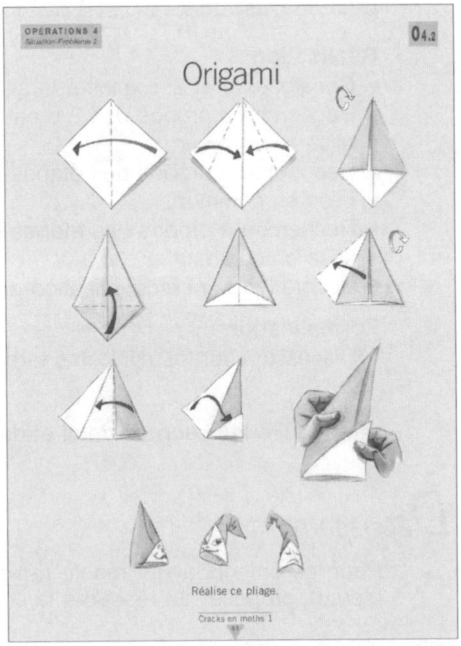

Description

Explications illustrées de la réalisation de marionnettes à doigts en origami.
A chaque étape, on stipule les pliages à réaliser, on demande à l'enfant d'indiquer combien de « morceaux » il voit en dépliant l'origami à chaque étape.
Réalise ce pliage.

Caractéristiques de la situation

Les activités de pliages sont très appréciées des enfants et, de plus, elles sont très bénéfiques pour eux : elles développent leur psychomotricité fine et fait apparaître la nécessité de la précision et de la rigueur pour obtenir un beau résultat.
Cette activité se prête très bien à une exploitation en cycle 5 – 8. Si certains enfants se révèlent encore trop maladroits pour réaliser un pliage précis, ils pourront faire équipe avec quelqu'un de plus précis, tout en ayant chacun SON pliage. L'activité mathématique réside non pas dans la précision mais dans le fait de plier une fois pour avoir deux morceaux, plier deux fois et obtenir quatre morceaux, ...
Il s'agit toujours d'une division « contenance ».

Objectifs spécifiques

Opérer une division par pliages.
Plier de façon précise.
Vérifier l'égalité des parts.

Matériel à prévoir

Des feuilles de papier carrées.

Déroulement

Préparation

- Introduire en ses propres termes le sujet de la situation **sans la dévoiler :** réaliser un pliage.
- Demander aux enfants quelle expérience ils ont des pliages, les difficultés, la joie de la réalisation bien faite, la difficulté de suivre les consignes, ...

- Faire découvrir l'illustration et laisser les enfants observer la situation-problème selon les principes de la lecture dynamique.
- Demander aux enfants ce qu'ils observent et quel est le problème.
- Faire expliciter les consignes et s'assurer de la compréhension de chacun.

CONSIGNES

1. Réalise ce pliage étape par étape.
2. Indique pour les 6 premières étapes, combien de morceaux tu comptes et si ces morceaux sont de même taille.

DÉPASSEMENT

3. Combien de fois dois-tu plier une feuille pour obtenir 8 morceaux identiques ?

Réalisation
- Consignes 1 et 2. Exploiter la situation de manière individuelle étape par étape.
- Recherche à propos des 2 premières étapes – pliages – solution – comptage.
- Mise en commun.
- Recherche à propos des étapes 3 et 4 – pliages – solution – comptage.
- Mise en commun.
- Recherche à propos des étapes 5, 6 et 7 – pliages – solution – comptage.
- Mise en commun.
- Décoration et personnalisation de la marionnette.

Formalisation
- Discussion sur les différents termes qui expriment le fait de « diviser » : plier, partager, distribuer …
- Introduire la notion de demi et de quart ainsi que leur écriture : $\frac{1}{2}$, $\frac{1}{4}$.

Dépassement

Pour les enfants ayant résolu rapidement le problème (ou pour qui la situation ne pose pas problème), proposer de résoudre la consigne 3.

Piste d'interdisciplinarité

Réalisation de différents pliages.
Inventer une petite histoire à jouer à l'aide des marionnettes.

Exercices

1. Plie une feuille en deux avec précision, puis encore une fois en deux.
   Ouvre la feuille.
   Que remarques-tu ?
   Les morceaux sont-ils tous identiques ?
2. Plie une feuille de manière à obtenir 16 morceaux identiques.
   Combien de fois as-tu plié ?
   Dessine ce que tu vois.
3. Colorie la moitié de chaque feuille.

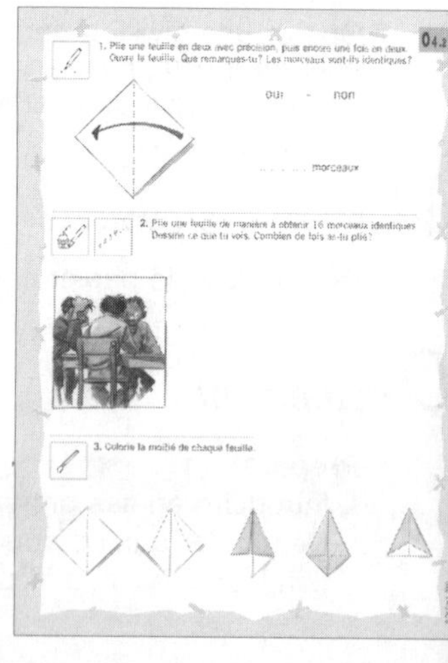
O4.2

1. Plie une feuille en deux avec précision, puis encore une fois en deux. Ouvre la feuille. Que remarques-tu? Les morceaux sont-ils identiques?

oui - non

.... morceaux

2. Plie une feuille de manière à obtenir 16 morceaux identiques. Dessine ce que tu vois. Combien de fois as-tu plié?

3. Colorie la moitié de chaque feuille.

Exercices supplémentaires

Banque d'exercices

A. Exercices « matière »
O4 p. 67-68 n° 1 à 6

04.3 OPÉRATIONS

Palier 4 L'addition, la soustraction, la multiplication et la division sur des nombres de 0 à 20

Situation-Problème 3 **Disputes**

Structuration	Représentation	**Mise en œuvre**	Intégration	Évaluation

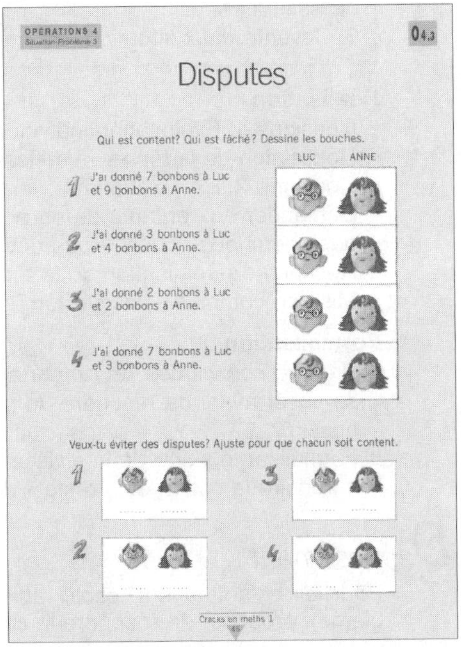

Description

Différentes situations de partages inégaux.
L'enfant doit indiquer, en dessinant la bouche, qui est content et qui est fâché.
Situations :
1. J'ai donné 7 bonbons à Luc et 9 bonbons à Anne.
2. J'ai donné 3 bonbons à Luc et 4 bonbons à Anne.
3. J'ai donné 2 bonbons à Luc et 2 bonbons à Anne.
4. J'ai donné 7 bonbons à Luc et 3 bonbons à Anne.

Ensuite, l'enfant doit rendre le partage égal afin de contenter tout le monde et d'éviter les disputes.
N.B. Dans chaque partage l'ensemble des bonbons a été distribué.

Caractéristiques de la situation

La situation exploite un domaine souvent fort délicat chez les enfants : la notion d'égalité dans les partages. Sans le savoir, les enfants vivent cette situation de division « partage » quotidiennement.
La tâche consiste ici à rendre les partages égaux quand ils ne l'étaient pas et que cela se révèle possible.
Les enfants auront à imaginer une solution originale pour la situation 2 (on distribue un nombre impair de bonbons). Leur sens pratique les aidera certainement. Cette situation introduira les enfants à la division euclidienne avec reste qui est nettement plus souvent rencontrée dans la réalité que la division exacte.

Tome 1. Pages 191-192.

Objectifs spécifiques

Rendre les partages égaux.
Pratiquer la division « partage ».

Matériel à prévoir

Veiller à ce que les enfants aient à disposition le matériel concret de comptage : jetons, pions, marrons, boutons, voire bonbons.

Déroulement

Préparation

- Introduire en ses propres termes le sujet de la situation **sans la dévoiler :** un partage de bonbons entre deux amis.

- Interroger les enfants sur les situations de partages inégaux au quotidien. Ont-ils déjà vécu un partage « injuste » ? pourquoi ?
- Faire découvrir l'illustration et laisser les enfants observer la situation-problème selon les principes de la lecture dynamique.
- Demander aux enfants ce qu'ils observent et quel est le problème.
- Faire expliciter les consignes et s'assurer de la compréhension de chacun.

> CONSIGNES
> 1. Dessine les bouches de Luc et Anne avec un sourire ou pas et indique combien de bonbons chacun a reçu dans chaque situation.
> 2. Rends le partage égal pour que chacun soit content et éviter les disputes.
>
> DÉPASSEMENT
> 3. Invente deux situations du même type, dessine-les et rends ensuite le partage égal.

Réalisation

- Consigne 1. Exploitation individuelle.
- Réalisation de la tâche – vérification deux par deux.
- Consigne 2. Exploitation par deux enfants.
- Demander aux enfants de se poser quelques questions avant de se lancer dans la recherche : que cherchons-nous ? – que devons-nous faire ? – comment allons-nous faire ? – qui fait quoi ?.
- Recherche – réalisation de la tâche – vérification.
- Mise en commun – discussion – justification.

Formalisation

- Prendre conscience de l'importance de réfléchir avant de faire. Établir une série de questions à se poser avant de résoudre un problème : que me demande-t-on ?, de quelles informations ai-je besoin ?, ...
- Formaliser le signe de la division « : » et écrire les équations des partages.
- Introduire la notion de « reste » dans une division euclidienne.

Dépassement

Pour les enfants ayant résolu rapidement le problème (ou pour qui la situation ne pose pas problème), proposer de résoudre la consigne 3.

Piste d'interdisciplinarité

Thème de discussion : comment naissent les disputes ? Doit-on toujours avoir exactement la même chose que notre voisin ? Avons-nous toujours la même chose ?

Exercices

1. J'ai donné 13 autocollants à Luc et 7 autocollants à Anne.
Complète leurs visages puis rends le partage égal.
Combien d'autocollants ont-ils reçus chacun ?
Idem avec 3 et 9.

2. Invente les partages mais fais attention aux visages.
Tu as 20 bonbons à partager.

3. Partage de manière égale 16 bonbons.
Entre Luc et Anne, chacun aura ... bonbons. 16 : 2 = ...
Entre Luc, Anne, Mélissa et Fouad, chacun aura ... bonbons. 16 : 4 = ...
Entre ...., chacun aura 2 bonbons.
16 : ... = 2

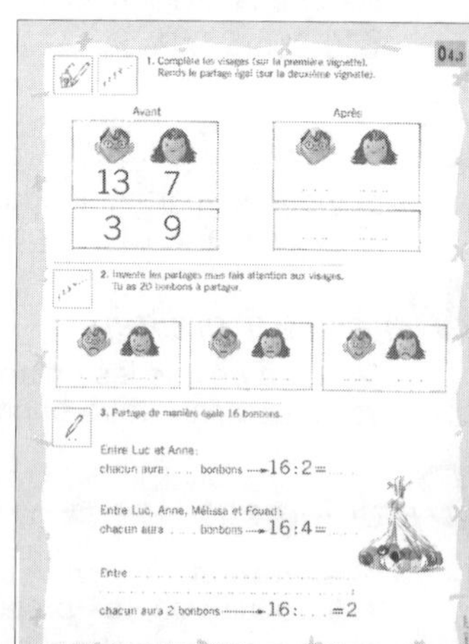

Exercices supplémentaires

Banque d'exercices

A. Exercices « matière »

O4 p. 69-70 n° 7 à 11

04.4 OPÉRATIONS

Palier 4 L'addition, la soustraction, la multiplication et la division sur des nombres de 0 à 20

Situation-Problème 4 **Marché conclu !**

Structuration	Représentation	Mise en œuvre	Intégration	Évaluation

Description

Discussion dessinée entre 4 copains :
– « Si tu joues avec moi à la récréation, je te donne la moitié de mes billes. » (le dessin montre qu'il en a 12)
– « Si tu joues plutôt avec moi, je te donne le quart de mes billes. J'en ai 16. »
– « Joue avec moi et je t'offrirai le tiers de mes quinze billes. »
Avec qui choisiras-tu de jouer et pourquoi ?

Caractéristiques de la situation

Nous voici au cœur du problème. La situation demande de diviser des quantités pour pouvoir résoudre le problème. Etant donné la réalité concrète que représente pour les enfants cette situation, la résolution ne devrait pas poser trop de problème. L'intérêt réside dans la prise de conscience du « comment » je fais, afin de pouvoir appliquer la technique à des situations moins concrètes, moins évidentes pour les enfants.
De plus, la situation introduit la notion et l'écriture de fractions simples : $\frac{1}{2}$, $\frac{1}{4}$ et $\frac{1}{3}$, autre façon de présenter une fonction qui divise.

📖 Tome 1. Page 215.

Objectifs spécifiques

Fractionner des quantités en 1/2, 1/3 et 1/4.
Donner la valeur du résultat des fractionnements.
Opérer sur le nombre avec les opérateurs × 1/2, × 1/3, × 1/4.

Matériel à prévoir

Des billes afin de pouvoir manipuler ces quantités.

Déroulement

Préparation

- Introduire en ses propres termes le sujet de la situation **sans la dévoiler :** l'ami avec qui je jouerai me donnera des billes. Avec qui vais-je jouer ?

- Interroger les enfants sur les notions d'amitié, d'exclusivité (si tu ne joues pas avec moi, tu n'es plus mon ami), ...
- Faire découvrir l'illustration et laisser les enfants observer la situation-problème selon les principes de la lecture dynamique.
- Demander aux enfants ce qu'ils observent et quel est le problème.
- Expliciter les consignes et s'assurer de la compréhension de chacun.

> CONSIGNES
>
> 1. Ton premier ami te donnera la moitié de ses billes, le deuxième te donnera le quart de ses billes et le troisième te donnera le tiers de ses billes. Avec qui choisiras-tu de jouer et pourquoi ?
>
> DÉPASSEMENT
>
> 2. Si chacun a 12 billes, ton choix sera-t-il le même ? Qui t'offrira le plus de billes ?

Réalisation

- Consigne 1. Exploitation individuelle.
- Recherche – Manipulation concrète – comptages – solution.
- Demander aux enfants de représenter graphiquement leur solution et leur manière de faire.
- Mise en commun – communication – discussion.

Formalisation

- Prendre conscience de l'importance de ne pas abandonner la recherche. Ce qui importe, c'est de trouver une solution, même si elle se révèle fausse ou mauvaise après.
- Prendre conscience qu'il est important de pouvoir résoudre un problème sans aide afin de démontrer ce dont on est capable.
- Formaliser la recherche sous forme mathématique : $12 \times 1/2 = 12 : 2 = 6$, ...

Dépassement

Pour les enfants ayant résolu rapidement le problème (ou pour qui la situation ne pose pas problème), proposer de résoudre la consigne 2.

Piste d'interdisciplinarité

Discuter de l'amitié : une amitié s'achète-t-elle ? Seras-tu mon ami parce que tu me donnes des billes ? Ne serais-je plus ton ami parce que je n'accepte pas de jouer aujourd'hui avec toi ?

Exercices

1. Colorie ce que ça représente.
la moitié de 16 billes = ... billes
le quart de 12 billes = ... billes.
le tiers de 15 billes = ... billes.

2. Dessine la situation et dis ce que cela représente.
J'ai 18 billes et j'en donne 6 = ...
J'ai 20 billes et j'en donne 10 = ...
J'ai 16 billes et j'en donne 4 = ...

3. Invente.
Matthieu a ... billes. Il m'en donne la moitié : il me donne ... billes.
Sofia a ... billes. Elle m'en donne le tiers : elle me donne ... billes.
Alessandra a ... billes. Elle m'en donne le quart : elle me donne ... billes.

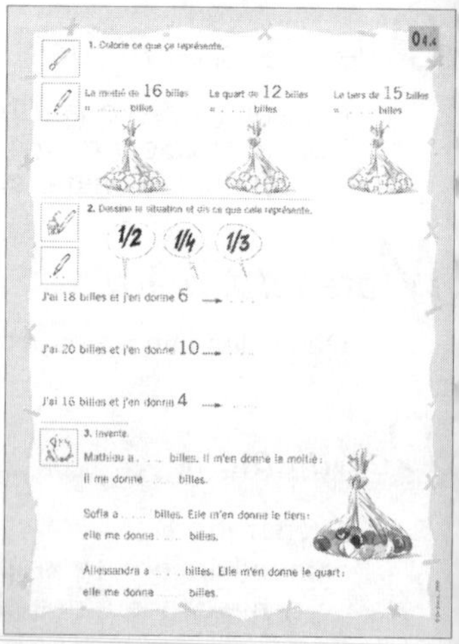
O4.4
1. Colorie ce que ça représente.
La moitié de 16 billes = ... billes
Le quart de 12 billes = ... billes
Le tiers de 15 billes = ... billes
2. Dessine la situation et dis ce que cela représente.
1/2 1/4 1/3
J'ai 18 billes et j'en donne 6 → ...
J'ai 20 billes et j'en donne 10 → ...
J'ai 16 billes et j'en donne 4 → ...
3. Invente.
Mathieu a ... billes. Il m'en donne la moitié : il me donne ... billes.
Sofia a ... billes. Elle m'en donne le tiers : elle me donne ... billes.
Alessandra a ... billes. Elle m'en donne le quart : elle me donne ... billes.

Exercices supplémentaires

Banque d'exercices

A. Exercices « matière »
O4 p. 71-72 n° 1 à 2

OPÉRATIONS

Palier 4 L'addition, la soustraction, la multiplication et la division sur des nombres de 0 à 20

Situation-Problème 5 ***Quels calculs !***

Structuration	**Représentation**	Mise en œuvre	Intégration	Évaluation

Description

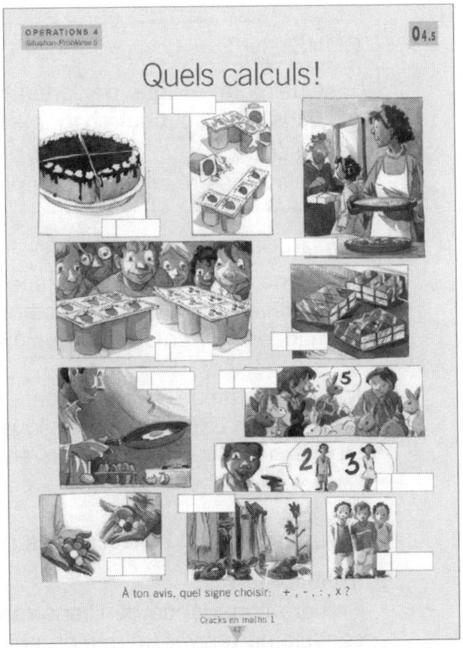

Situations illustrées. Les scénarios sont indiqués à titre d'exemple, libre aux enfants d'interpréter autrement les illustrations.

– Un gâteau d'anniversaire partagé en 4 quarts.
– Il y avait 12 Gervais dans le frigo, il en reste 7 ; que s'est-il passé ?
– 12 petits Gervais et 6 enfants à table.
– Maman a fait 2 gâteaux et grand-mère en a apporté 1.
– 8 œufs et papa qui fait des omelettes. Un œuf par personne. Combien de personnes ?
– J'ai 8 lapins. J'en donne 5. Combien de lapins reste-t-il ?
– J'achète 3 sachets de 6 cha-cha.
– J'ai 8 billes. Il en a 5. Combien en a-t-il de moins ?
– J'ai 3 sœurs et 2 frères. Combien sommes-nous ?
– Il traîne 2 bonnets, 8 gants et 3 écharpes dans le vestiaire. Combien d'enfants sont-ils passés par là ?
– Si 3 enfants se mettent ensemble, combien de mains ont-ils ?

À ton avis, quel signe choisir : +, -, : , × ?
Écris aussi le calcul.

Caractéristiques de la situation

La situation présente une série d'opérations toutes mélangées. L'enfant doit se rendre compte que chacune fait référence à une réalité mathématique différente et qu'il devra donc résoudre la situation en effectuant des opérations différentes. Le résultat importe peu ici, l'important est de pouvoir déterminer de quelle opération il s'agit et comment on écrit l'équation.
Les situations ont été construites de manière à illustrer l'ensemble des types de 4 opérations fondamentales. Les illustrations seront probablement interprétées de manières différentes. Ce qui importe, c'est que les quatre opérations soient toutes représentées sous forme d'équation.

📖 Tome 1. Pages 175-176.

Objectifs spécifiques

Distinguer les différentes opérations.
Reconnaître chaque opération.
Représenter les 4 opérations.
Effectuer les 4 opérations.

Matériel à prévoir

Mettre à la disposition des enfants du matériel concret de comptage : billes, marrons, jetons, ...

Déroulement

Préparation

- Introduire en ses propres termes le sujet de la situation **sans la dévoiler :** différentes situations de la vie de tous les jours dans lesquelles il faut calculer.
- Faire découvrir l'illustration et laisser les enfants observer la situation-problème selon les principes de la lecture dynamique.
- Demander aux enfants ce qu'ils observent et quel est le problème, quelle tâche pensent-ils devoir réaliser.
- Faire expliciter les consignes et s'assurer qu'ils ont tous bien compris qu'il ne faut PAS « faire les calculs ».

> CONSIGNES
>
> 1. Quel sera le signe de l'opération ?
> 2. Écris le calcul pour chaque situation.
>
> DÉPASSEMENT
>
> 3. Calcule les résultats des opérations.

Réalisation

- Consigne 1. Exploiter les situations par équipes de deux – Raconter les situations.
- Recherche – émission d'hypothèses – discussion – solution.
- Demander aux enfants de justifier leurs solutions et de représenter graphiquement les opérations.
- Mise en commun – vérification – discussion.
- Consigne 2. Exploitation individuelle.
- Recherche – transcription des équations – vérification.
- Mise en commun par deux – comparaison des équations – discussion – justification – corrections.
- Mise en commun collective des équations – discussion.

Formalisation

- Prendre conscience de l'importance de la confiance en soi et dans les autres afin de s'estimer capable de relever un défi et croire que les autres peuvent aider.
- Prendre conscience que certains problèmes ont plusieurs solutions.
- Établir une synthèse des 4 opérations.

Dépassement

Pour les enfants ayant résolu rapidement le problème (ou pour qui la situation ne pose pas problème), proposer de résoudre la consigne 3.

Exercices

1. Invente et dessine une situation dans laquelle il est question de soustraction.
2. Invente et dessine la situation représentée par cette équation. 6 : 3
3. Complète avec le signe adéquat.
   5 ... 3 = 2
   15 ... 3 = 5
   15 ... 3 = 18
   5 ... 3 = 15

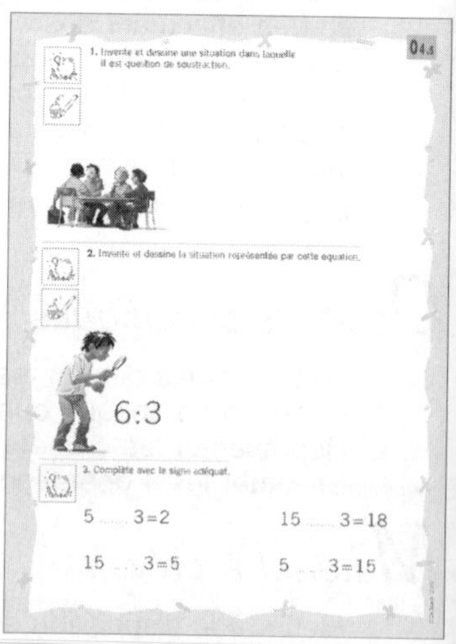
O4.5

1. Invente et dessine une situation dans laquelle il est question de soustraction.

2. Invente et dessine la situation représentée par cette équation.

6:3

3. Complète avec le signe adéquat.

5 ...... 3=2   15 ...... 3=18

15 ...... 3=5   5 ...... 3=15

OPÉRATIONS

Palier 4 L'addition, la soustraction, la multiplication et la division sur des nombres de 0 à 20

Situation-Problème 6 **Parties égales**

Structuration	Représentation	Mise en œuvre	**Intégration**	Évaluation

Description

Comment pourrais-tu expliquer ce qui se passe quand on divise ?
Combien de quarts y a-t-il dans un sac de billes ?
Combien y a-t-il de moitiés de biscuit dans un biscuit ?
Combien y a-t-il de tiers d'année dans une année ?

Caractéristiques de la situation

La situation vise à faire le point sur la situation de division en demandant à l'enfant d'exprimer, de verbaliser, de représenter ce qu'il a compris.
A l'aide de toutes les représentations différentes des enfants, une synthèse se construira.

Objectifs spécifiques

Synthétiser la notion de division.
Employer les notions de demi, de quart et de tiers.

Matériel à prévoir

Mettre à la disposition des enfants du matériel concret de comptage : billes, marrons, jetons, ...

Déroulement

Préparation

- Introduire en ses propres termes le sujet de la situation **sans la dévoiler :** faire le point sur la division.
- Expliquer aux enfants l'importance de faire des synthèses.
- Faire découvrir l'illustration et laisser les enfants observer la situation-problème selon les principes de la lecture dynamique.
- Demander aux enfants ce qu'ils observent et quel est le problème, quelle tâche pensent-ils devoir réaliser.
- Faire expliciter les consignes et s'assurer de la bonne compréhension de chacun.

CONSIGNES

1. Comment pourrais-tu expliquer ce qui se passe quand on divise ?
2. Combien de quarts y a-t-il dans un sac de billes ?
   Combien y a-t-il de moitiés de biscuit dans un biscuit ?
   Combien y a-t-il de tiers d'année dans une année ?

DÉPASSEMENT

3. Combien de mois compte le tiers de l'année ? la moitié de l'année ? le quart de l'année ?
   Aide-toi d'un calendrier et colorie la moitié, le tiers, le quart.

Réalisation
- Consigne 1. Exploiter la situation par équipes de deux.
- Recherche – émission d'hypothèses – discussion – solution.
- Demander aux enfants de représenter graphiquement leur solution.
- Mise en commun – vérification – discussion.
- Consigne 2. Exploitation par équipes de deux.
- Recherche – vérification.
- Représentation graphique des solutions.
- Mise en commun collective : comparaison des résultats – justifications.
- Mise en équation – discussion – justification – corrections.

Formalisation
- Prendre conscience de l'importance de la représentation graphique pour la compréhension, la visualisation et la mémorisation d'un concept.
- Synthèse sur la division.

Dépassement

Pour les enfants ayant résolu rapidement le problème (ou pour qui la situation ne pose pas problème), proposer de résoudre la consigne 3.

Piste d'interdisciplinarité

Thème de discussion : qu'est-ce qui nous divise, nous partage, qu'est-ce qui nous rassemble ?

Exercices

1. Colorie la moitié des biscuits en rouge.
   Colorie le tiers des biscuits en vert.
2. Divise ce sachet de billes en 8 parts.
   Combien de billes cela fera-t-il pour une part ?
3. Une année est divisée en ... mois.
   Le mois de février est divisé en ... semaines (provoquer une discussion pour les autres mois).
   Une semaine est divisée en ... jours.

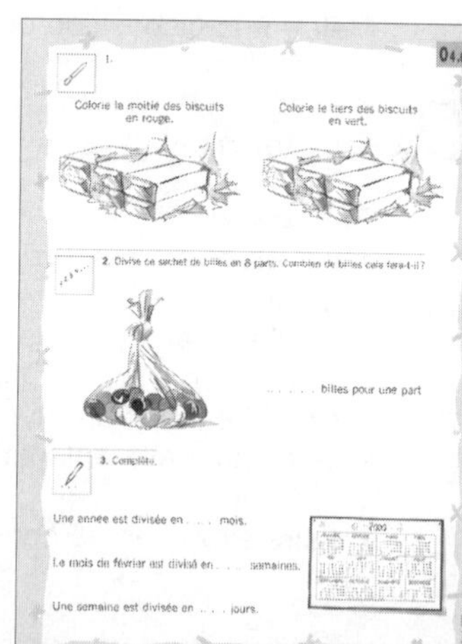
O4.6

1.

Colorie la moitié des biscuits en rouge.

Colorie le tiers des biscuits en vert.

2. Divise ce sachet de billes en 8 parts. Combien de billes cela fera-t-il ?

...... billes pour une part

3. Complète.

Une année est divisée en ...... mois.

Le mois de février est divisé en ...... semaines.

Une semaine est divisée en ...... jours.

04.7

OPÉRATIONS

Palier 4 L'addition, la soustraction, la multiplication et la division sur des nombres de 0 à 20

Situation-Problème 7 ***Cas de conscience***

Structuration	Représentation	Mise en œuvre	Intégration	**Évaluation**

Description

Situations illustrées : *J'ai 18 bonbons à partager.*
Soit, je les partage avec mon meilleur ami. Nous en aurons alors chacun ...
Soit, je les partage avec mes deux meilleurs copains. Nous en aurons alors chacun ...
Soit, je les partage avec ma sœur et mes deux frères. Nous en aurons alors chacun ...
Soit, j'en donne à chacun dans ma classe. Nous sommes 18. Nous en aurons alors chacun ....
Que vais-je faire ? Pourquoi ?

Caractéristiques de la situation

La situation met en scène des situations de division. L'enfant aura à calculer et déterminer son choix de partage.
Quant à la motivation du choix, elle sera sans doute personnelle : les uns préférant faire plaisir à beaucoup d'enfants, les autres préférant avoir beaucoup de bonbons. Peut-être certains choisiront-ils de ne pas partager leurs 18 bonbons.

Objectifs spécifiques

Utiliser la division-partage en situation.
Représenter une situation de division ainsi que des situations additives, soustractives et multiplicatives.
Transposer en langage mathématique un énoncé comportant une addition, une soustraction, une multiplication, et/ou une division ; écrire l'équation d'une division.
Identifier une situation additive, une situation soustractive, une situation multiplicative, une situation de division ; lire une équation de division.
Effectuer des additions, des soustractions, des multiplications et des divisions sur des nombres jusqu'à 20 en situation.
Utiliser les symboles + , – , ×, : et =.

Caractérisation du problème d'évaluation

Variables d'identification			Variables mathématiques	Variables d'habillage				
Répertoire cognitif	Produit attendu	Niveau d'ouverture	Opérations mises en œuvre	Présentation du problème	Place de la question	Ordre de présentation des données	Existence de données parasites	Cadre
problème numérique	*nombres et choix à poser*	*problème fermé semi-ouvert Q 7 et 9 ouvert Q.10*	*voir objectifs spécifiques*	*dessin et énoncé*	*en fin d'énoncé*	*dans l'ordre d'utilisation*	*pas de données parasites*	*situation de pratique quotidienne*

Tome 2. Pages 181-199.

Des situations pour s'exercer

– **Une sortie.** Nous sommes 20 élèves en classe. Nous sommes invités chez nos correspondants et comptons demander à des parents de nous conduire en voiture. Combien de voitures seront nécessaires ? Envisageons le cas de voitures pouvant accueillir 4 passagers, le cas de voiture pouvant accueillir 6 passagers, 8 passagers...

– **Les cartes.** Paratgeons les cartes. Si nous sommes 4 joueurs, 6 joueurs, 8 joueurs, ... combien aurons-nous de cartes chacun ? Et si chacun a 4 cartes en main, combien sommes-nous de joueurs ? ... (éventuellement, ne pas prendre toutes les cartes)

– **Un repas partagé.** Nous avons décidé de mettre nos pique-niques en commun en un beau buffet. Nous sommes 8. Sur le buffet, il y a 4 sandwiches, 4 baguettes, 8 tartines, 12 fruits, 24 petits bonbons, ... Que mangerons-nous chacun ?

Déroulement

Préparation

- Introduire en ses propres termes le sujet de la situation **sans la dévoiler :** partager des bonbons.
- Demander aux enfants si ils ont déjà partagé de bonbons, à quelle occasion, comment s'y sont-ils pris ?
- Faire découvrir l'illustration et laisser les enfants observer la situation-problème.
- Demander aux enfants ce qu'ils observent et quel est le problème.
- Expliciter les consignes et s'assurer de la compréhension de chacun.

CONSIGNES

Le professeur posera une à une les questions reprises ci-dessous.

Réalisation

Les enfants répondront **individuellement** et par écrit sur la feuille prévue à cet effet au verso de la situation-problème.
Le professeur corrigera ultérieurement les réponses des élèves.
Une fois les questions posées et l'évaluation achevée, les enfants peuvent résoudre la situation-problème en équipes.

Questions d'évaluation (correctif)

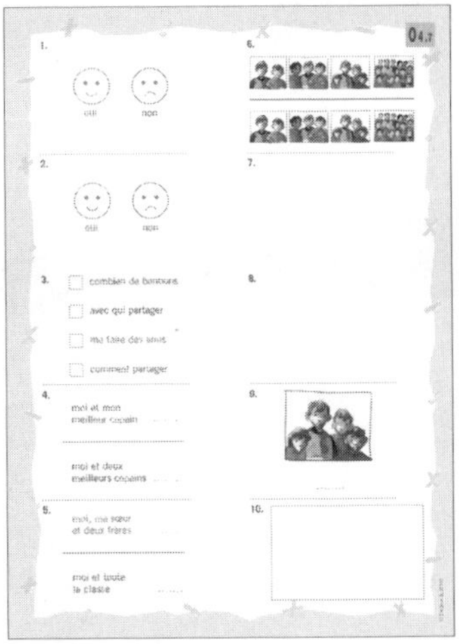

(réponse personnelle)

1. Dans tous les cas, je partage mes bonbons.(OUI)
2. Je peux choisir avec qui je vais partager mes bonbons. (OUI)
3. Coche la (les) bonne(s) réponse(s). Je cherche.
   a. combien de bonbons j'aurai.
   b. avec qui je vais partager. X
   c. à me faire des amis.
   d. comment partager mes bonbons. X
4. Si je partage avec mon meilleur ami, combien aurais-je de bonbons ? (9)
   Si je partage avec mes deux meilleurs amis, combien en aurons-nous chacun ? (6)
5. Si je partage avec ma sœur et mes deux frères, je partagerai mes bonbons en ... (4)
   Si je partage avec toute ma classe, je partagerai en ... (18)
6. Quel partage me donnera-t-il le plus de bonbons ?
   Coche la situation (1)
   Quel partage rendra le plus de personnes heureuses ?
   Coche la situation (4)
7. Exprime par un dessin le partage qui fera le plus d'heureux. (dessin de la situation 4)
8. Et si je voulais faire 5 parts égales avec les 24 bonbons. Dessine ce qui se passera.
9. Si je partage avec ma sœur et mes deux frères, combien chacun en aura-t-il ? (accepter 4 et 4 et demi)
10. Dessine un autre partage des 18 bonbons dans lequel tout le monde aura le même nombre. (en 6)

Grille des critères

Critère 1 **Interprétation**	Critère 2 **Résolution**	Critère 3 **Cohérence**	Critère 4 **Précision**	Critère 5 **Production**
Q. 1, 2, 3	Q. 4, 5, 6,	Q. 3, 6, 7	Q. 7, 8, 9	Q. 8, 9, 10
/3	/3	/3	/3	/3

Nous préconisons un seuil d'acquisition de 2/3 pour chaque critère. En cas de non acquisition, se reporter à la banque d'exercices en fonction du (des) critère(s) : partie **A**, pour la résolution de problèmes, et partie **C** pour les critères 1, 3 et 4.

Évaluation uniquement « matière »

La situation-problème évalue l'acquisition de la compétence. Pour une évaluation des contenus, des objectifs spécifiques, se reporter à l'évaluation uniquement « **matière** » **O4** dans la banque d'exercices (partie **E**).

GRANDEURS

Compétence d'intégration

Résoudre des situations-problèmes mettant en œuvre des unités de mesure de grandeurs.

Durée, longueur, masse et capacité

G1.1

GRANDEURS

Palier 1 Les unités de mesure de durée (heure et demi-heure, jour, semaine)

Situation-Problème 1 ***Quand est-ce qu'on mange ?***

Structuration	Représentation	Mise en œuvre	Intégration	Évaluation

Description

Illustration d'aliments de toutes sortes : pain, céréales, fruits, biscuits, légumes, viande, chips, yaourt, chocolat, ...
Une série de petites illustrations représentant les moments de la journée : le petit-déjeuner, « dix-heures », repas de midi, goûter, souper.
Que manges-tu à quel moment ?

Caractéristiques de la situation

Structurer le temps est également un défi à relever par l'enfant de cet âge. Nous distinguons deux aspects dans l'apprentissage de cette structuration : apprendre à se repérer dans le temps qui passe et apprendre à organiser son temps. La situation présente vise surtout à se repérer dans le temps qui passe par le biais des repères que représentent les repas. Les enfants de 6 ans se repèrent souvent dans la journée grâce à la succession des repas. Ceux-ci sont des points de repère fixes pour eux. Par contre, les caractéristiques de chaque repas ne sont pas toujours claires : ainsi, ils peuvent très bien demander des frites au petit-déjeuner par manque de repère. Cette situation invitera donc à la discussion. Au-delà de l'habitude qui nous fait manger du pain ou des céréales au petit-déjeuner, des fruits au goûter, etc., il serait intéressant d'étudier avec les enfants nos besoins quotidiens, les différentes familles d'aliments et leur apport respectif. Beau projet d'éveil en perspective.

📖 Tome 2. Page 157[1].

Objectifs spécifiques

Se repérer dans la journée.
Identifier des moments précis.

Matériel à prévoir

Éventuellement, disposer d'une deuxième illustration de la situation afin de pouvoir travailler dessus.
Magazines, ciseaux, colle et panneau pour la réalisation du tableau récapitulatif.

---

1 Pour rappel, le sigle 📖 fait référence à l'ouvrage de ROEGIERS, X. (2000), *Les mathématiques à l'école primaire*, Louvain-la-Neuve, De Boeck, Tomes 1 et 2.

Déroulement

Préparation

- Introduire en ses propres termes le sujet de la situation **sans la dévoiler** : que mange-t-on à quel moment ?
- Demander aux enfants de s'exprimer quant à la situation : quel est votre repas préféré ? Quels aliments aimez-vous, n'aimez-vous pas ? Quels aliments sont bons pour la santé ?
- Faire découvrir l'illustration et laisser les enfants observer la situation-problème selon les principes de la lecture dynamique.
- Demander aux enfants ce qu'ils observent et quel est le problème.
- Les inviter à imaginer la consigne qui accompagne l'illustration.
- Faire expliciter les consignes et s'assurer de la compréhension de chacun.

> CONSIGNES
>
> 1. Que manges-tu à quel moment ?
>
> DÉPASSEMENT
>
> 2. Observe une horloge et recopie-la pour chaque moment représenté.

Réalisation

- Répartition des enfants en petites équipes de 2 ou 3.
- Recherche et résolution de la consigne 1.
- Motiver les enfants à trouver des façons de vérifier leurs solutions.

Formalisation

- Demander aux enfants d'exprimer ce qu'ils ont appris, découvert.
- Réaliser un panneau récapitulatif des différents repas d'une journée, leur nom et leur succession chronologique.

Dépassement

Pour les enfants ayant résolu rapidement le problème (ou pour qui la situation ne pose pas problème), proposer de résoudre la consigne 2.

Piste d'interdisciplinarité

- Thème : l'alimentation (nos besoins, les familles d'aliments, ...)
- Réaliser un panneau récapitulatif de la composition des différents repas d'une journée en découpant tous les aliments dans les magazines.

Exercices

Banque d'exercices

A. Exercices « matière »

G1 p. 73

G1.2

GRANDEURS

Palier 1 Les unités de mesure de durée (heure et demi-heure, jour, semaine)

Situation-Problème 2 ***Une journée en désordre***

Structuration	Représentation	Mise en œuvre	Intégration	Évaluation

Description

Présentation sous forme dessinée d'une journée en désordre. Exemple : il met son pyjama le matin, dort entre ses devoirs et la classe, prend son bain après avoir mis son pyjama, ...
Peux-tu aider cet enfant à mettre un peu d'ordre dans sa journée ?

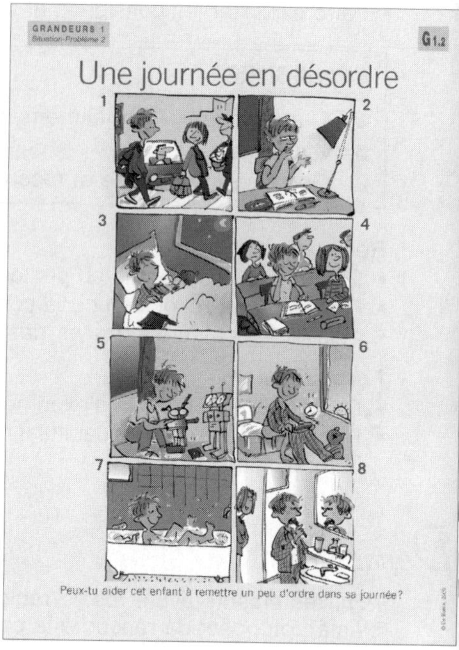

Caractéristiques de la situation

La situation envisage la notion ordinale du temps : l'aspect du temps qui passe, la succession d'événements.
Deux difficultés d'ordre différent apparaissent dans cette situation. D'une part, l'enfant, habitué aux histoires en bande dessinée, ne sera pas choqué, dans un premier temps, par le « désordre temporel » : une bande dessinée lui raconte une histoire, tout est possible dans une histoire et la réalité n'est pas de mise. Il faudra donc l'amener à une lecture critique. D'autre part, l'enfant sera rapidement capable de « raconter » l'histoire dans le bon ordre, par contre, il éprouvera plus de difficultés à reconstituer par écrit le récit correct.

Tome 2. Pages 158-159.

Objectifs spécifiques

Structuration temporelle. Établir une succession temporelle exacte et logique.
Exprimer une succession temporelle.

Matériel à prévoir

Prévoir de disposer de deux exemplaires de la situation-problème afin de pouvoir découper, ciseaux, colle et feuilles de papier.

Déroulement

Préparation

- Introduire en ses propres termes le sujet de la situation **sans la dévoiler :** l'organisation d'une journée.

- Demander aux enfants de s'exprimer quant à la situation : comment se déroulent leurs journées ?
- Faire découvrir l'illustration et laisser les enfants observer la situation-problème.
- Demander aux enfants ce qu'ils observent et quel est le problème.
- Faire expliciter les consignes et s'assurer de la compréhension de chacun.

CONSIGNES

1. Peux-tu aider cet enfant à remettre de l'ordre dans sa journée ?

DÉPASSEMENT

2. Dessine une horloge et complète l'heure pour chaque moment représenté.

Réalisation

- Répartition des enfants en petites équipes de 2 ou 3.
- Consigne 1. Hypothèse, recherche, proposition de solutions et matérialisation en découpant et ordonnant la bande dessinée. Résolution de la consigne 1.
- Motiver les enfants à trouver des façons de vérifier leurs solutions.
- Mise en commun. Comparaison. Discussion et argumentation.

Formalisation

- Réaliser collectivement une fresque des différents moments de la journée en racontant sa journée dans l'ordre et en l'illustrant : je me lève, je déjeune, je me prépare, je vais à l'école, ...
- Demander aux enfants comment ils ont fait pour être sûrs de leurs résultats (contrôler avant et après).

Dépassement

Pour les enfants ayant résolu rapidement le problème (ou pour qui la situation ne pose pas problème), proposer de résoudre la consigne 2. (Remarque : il ne s'agit pas que l'enfant lise l'heure, mais simplement qu'il recopie avec précision la position des aiguilles.)

Piste d'interdisciplinarité

Les rythmes biologiques : pourquoi dormons-nous la nuit ? Combien d'heures devons-nous dormir ? ...

Exercices

Banque d'exercices

A. Exercices « matière »

G1	p. 74-75	n° 2-3
	p. 76	n° 4-5

G1.3

GRANDEURS

Palier 1 Les unités de mesure de durée (heure et demi-heure, jour, semaine)

Situation-Problème 3 ***Questions...***

Structuration	**Représentation**	Mise en œuvre	Intégration	Évaluation

Description

Combien de journées y a-t-il en une semaine ?
Combien de fois vas-tu à l'école en une semaine ?
Combien de fois dors-tu en une semaine ?
Réfléchis à ces questions. As-tu une réponse ?

Caractéristiques de la situation

A travers cette situation, la notion de durée est abordée. Soulignons que la notion de durée correspond à l'aspect cardinal du temps, l'intervalle de temps qui s'écoule entre deux moments.
Cette situation vise aussi à envisager la notion de semaine. Il s'agit de faire la différence entre la semaine scolaire et la semaine civile. L'enfant aura besoin d'utiliser du matériel pour résoudre ces « énigmes » : journal de classe, calendrier de la classe, agenda, ...
Il nous semble également important de laisser à l'enfant le temps pour résoudre la situation, qu'il puisse à la rigueur compter combien de fois il dort en une semaine, ...
En ce qui concerne les exercices, l'enfant se basera sur la notion subjective personnelle de durée.

Tome 2. Pages 157-158.

Objectifs spécifiques

Se repérer dans la suite des jours de la semaine.
Distinguer la semaine « scolaire » et la semaine « civile ».

Matériel à prévoir

Mettre à disposition des enfants les journaux de classe, le calendrier de la classe, des agendas.
Éventuellement leur laisser le temps. Laisser « mûrir » les choses pendant une semaine, afin que certains puissent faire l'expérience de compter combien de fois on dort en une semaine, ...

Déroulement

Préparation

- Introduire en ses propres termes le sujet de la situation **sans la dévoiler :** la composition d'une semaine.

- Demander aux enfants de s'exprimer quant à la situation : qu'est-ce qu'une semaine ?
- Faire découvrir l'illustration et laisser les enfants observer la situation-problème selon les principes de la lecture dynamique.
- Demander aux enfants ce qu'ils observent et quel est le problème.
- Faire expliciter les consignes et s'assurer de la compréhension de chacun.

CONSIGNES

1. Combien de fois dors-tu en une semaine ?
2. Combien de journées y a-t-il en une semaine ?
3. Combien de fois vas-tu à l'école en une semaine ?

DÉPASSEMENT

4. Comment s'appellent les jours de la semaine. ? Écris-les.

Réalisation

- Répartition des enfants en petites équipes de 2 ou 3.
- Consigne 1. Hypothèse, recherche, proposition de solutions. Résolution de la consigne 1.
- Consigne 2. Inviter les enfants à les citer et ensuite les compter – recherche – résolution.
- Consigne 3. Hypothèse, recherche, proposition de solutions et résolution.
- Motiver les enfants à trouver des façons de vérifier leurs solutions : utilisation de matériel, confrontation de solutions, ...
- Mise en commun. Comparaison. Discussion et argumentation.

Formalisation

- Enoncer collectivement les jours de la semaine, ensuite les écrire, les lire et les mémoriser.
- Définir collectivement la notion de « semaine » : distinguer la semaine scolaire et la semaine « civile ».

Dépassement

Pour les enfants ayant résolu rapidement le problème (ou pour qui la situation ne pose pas problème), proposer de résoudre la consigne 4.

Piste d'interdisciplinarité

Établir l'horaire scolaire de la semaine : le cours de gym., la natation, le dessin, ...

Exercices

Banque d'exercices

A. Exercices « matière »

G1 p. 77 n° 6 à 8

G1.4

GRANDEURS

Palier 1 Les unités de mesure de durée (heure et demi-heure, jour, semaine)

Situation-Problème 4 ***Quel jour sommes-nous ?***

Structuration	**Représentation**	Mise en œuvre	Intégration	Évaluation

Description

Calendrier à compléter. Deux cases sont données.
Quel jour sommes-nous aujourd'hui ?
Quel jour étions-nous hier ?
Quel jour serons-nous demain ?
Essaye de donner aussi la date.

GRANDEURS 1
Situation-Problème 4
G1.4
Quel jour sommes-nous ?
Nous sommes au mois de ...
Lundi ... Samedi
Quelle est la date de ton ... et de
Quel jour sommes-nous aujourd'hui ?
Quel jour étions-nous hier ?
Quel jour serons-nous demain ?
Essaie de donner aussi la date.

Caractéristiques de la situation

La situation aborde l'approche du calendrier pour la première fois. Il s'agira dans ce premier temps de le compléter en cherchant les informations nécessaires et de repérer le jour et la date d'aujourd'hui, d'hier et de demain. Insistons sur le fait que dans cette première approche, on se limite à un mois.
La situation-problème explore, de ce fait, la notion de date.
La difficulté réside dans la forme de calendrier proposée. Néanmoins, il nous semble intéressant d'utiliser ce type de représentation qui fait apparaître clairement la notion de semaine. Le maître peut faciliter la résolution en indiquant quelques repères de dates dans le calendrier. De plus, les enfants peuvent utiliser un calendrier sous forme de bande journalière pour s'aider. Il serait utile que le maître aide les enfants à construire ensemble différents calendriers.
La question de la date d'anniversaire et de la date de Noël induisent des notions de mois. Néanmoins, il nous semble intéressant que l'enfant soit familiarisé avec ces dates, cela en dépassement.

📖 Tome 2. Pages 161-162.

Objectifs spécifiques

Se repérer dans la suite des jours de la semaine.
Compléter une page de calendrier à l'aide de matériel.
Employer correctement les termes « hier, aujourd'hui, demain ».

Matériel à prévoir

Mettre à disposition des enfants les journaux de classe, le calendrier de la classe, des agendas de types différents.

Déroulement

Préparation

- Introduire en ses propres termes le sujet de la situation **sans la dévoiler :** le calendrier.
- Demander aux enfants de s'exprimer quant à la situation : qu'est-ce qu'un calendrier ? À quoi ça sert ? Comment s'en sert-on ?
- Faire découvrir l'illustration et laisser les enfants observer la situation-problème selon les principes de la lecture dynamique.
- Demander aux enfants ce qu'ils observent et quel est le problème.
- Faire expliciter les consignes et s'assurer de la compréhension de chacun.

CONSIGNES

1. Quel jour sommes-nous aujourd'hui ?
2. Quel jour étions-nous hier ?
3. Quel jour serons-nous demain ?
   Essaye de donner aussi la date.
   Aide-toi en complétant le calendrier.

DÉPASSEMENT

4. Quelle est ta date d'anniversaire ?
5. Quelle est la date de Noël ?
6. Et dans une semaine, quel jour de la semaine serons-nous ?

Réalisation

- Répartition des enfants en petites équipes de 2 ou 3.
- Hypothèse, recherche, proposition de solutions. Résolution de la consigne 1.
- Idem pour les consignes 2, 3, 4 et 5.
- Motiver les enfants à trouver des façons de vérifier leurs solutions : utilisation de matériel, confrontation de solutions, ...
- Mise en commun. Comparaison. Discussion et argumentation.

Formalisation

- Demander aux enfants pourquoi, à leur avis, il existe différentes représentations de la semaine, différents calendriers.
- Réaliser un panneau reprenant différentes représentations de la semaine.
- Construire le calendrier jour par jour pour montrer pourquoi il y a 7 colonnes et pourquoi il ne commence pas chaque mois à la première case.

Dépassement

Pour les enfants ayant résolu rapidement le problème (ou pour qui la situation ne pose pas problème), proposer de résoudre les consignes 4, 5 et 6.

Piste d'interdisciplinarité

Établir un horaire complet de la semaine civile : le cours de gym., la natation, le dessin, ...
Éventuellement, l'individualiser en y ajoutant chacun ses activités parascolaires.

Exercices

Banque d'exercices

A. Exercices « matière »
G1 p. 78 n° 9 à 11

G1.5

GRANDEURS

Palier 1 Les unités de mesure de durée (heure et demi-heure, jour, semaine)

Situation-Problème 5 ***Soyons à l'heure***

Structuration	Représentation	**Mise en œuvre**	Intégration	Évaluation

Description

Une série de vignettes dessinées illustrant les grands moments de la journée d'un enfant : le réveil, le début de la classe, la récréation du matin, le repas de midi, la reprise des cours l'après-midi, la fin de la classe, l'heure du bain, le souper, le coucher.
En regard de chaque vignette, une horloge et un cadran digital à compléter.
Organise une journée.

Caractéristique de la situation

La difficulté réside dans le fait que l'enfant n'a pas à inventer son horaire mais il doit tenir compte de plusieurs données : l'heure du début des cours, l'heure de fin des cours, l'heure réelle des repas, son heure de coucher, ...
Il nous semblerait intéressant de laisser 48 h à chaque enfant pour résoudre la situation afin qu'il ait la possibilité de chercher les informations, de consulter les horloges au bon moment, ...
La situation allie la notion de succession chronologique d'activités en une journée et la notion de lecture et d'écriture de l'heure. Il ne s'agit pas à ce stade de lire les heures avec précision ; on se contentera de lire l'heure juste et seulement retranscrire les ... h 10, ... h 35, ...

Objectifs spécifiques

Établir la succession chronologique d'une journée.
Dessiner la petite et la grande aiguille à partir d'une lecture d'horloge.
Transcrire l'heure sur une horloge et un cadran digital.

Matériel à prévoir

Une horloge à aiguilles en classe et une horloge à cadran digital.
Laisser au moins 24 heures aux enfants pour résoudre la situation.

Déroulement

Préparation

- Introduire en ses propres termes le sujet de la situation **sans la dévoiler :** respecter l'horaire et être à l'heure.

- Demander aux enfants de s'exprimer quant à la situation : à quelle heure a lieu la récréation du matin ? A quelle heure vous couchez-vous le soir ?, ...
- Faire découvrir l'illustration et laisser les enfants observer la situation-problème selon les principes de la lecture dynamique.
- Demander aux enfants ce qu'ils observent et quel est le problème.
- Faire expliciter les consignes et s'assurer de la compréhension de chacun.

CONSIGNES

1. Organise ta journée en écrivant les heures de chaque activité.

DÉPASSEMENT

2. Indique sur une horloge, 4 heures et sur un cadran digital, 7 heures et demi.

Réalisation
- Résolution individuelle.
- Consigne 1. Hypothèse, recherche, proposition de solutions. Résolution de la consigne 1.
- Motiver les enfants à trouver des façons de vérifier leurs solutions : utilisation de matériel, confrontation de solutions, ...
- Mise en commun. Comparaison. Discussion et argumentation.

Formalisation
- Mettre en évidence les différences entre les enfants en ce qui concerne l'heure du coucher, du lever, ... En discuter.
- Apprendre à lire les heures justes (voir la boîte à outil).

Dépassement

Pour les enfants ayant résolu rapidement le problème (ou pour qui la situation ne pose pas problème), proposer de résoudre la consigne 2.

Piste d'interdisciplinarité

Comparer différentes horloges.

Exercices

Banque d'exercices

A. Exercices « matière »

G1	p. 79	n° 1 à 3
	p. 80-81	n° 4 à 7

B. Boîte à outils

B2	p. 6-7	n° 1 à 10

GRANDEURS

Palier 1 Les unités de mesure de durée (heure et demi-heure, jour, semaine)

Situation-Problème 6 ***Pas le temps !***

Structuration	Représentation	Mise en œuvre	**Intégration**	Évaluation

Description

Que peux-tu faire en 1 heure ? Montre sur une horloge ce que cela fera.
Que peux-tu faire en 1 journée ? Peux-tu montrer sur une horloge ce que cela fera ? Pourquoi ?
Que peux-tu faire en 1 semaine ?
Les illustrations sont à titre d'exemples non exhaustifs.

Caractéristiques de la situation

La situation exploite la notion de durée. La difficulté sera, pour l'enfant, de tenir compte d'une façon objective de cette notion et de ne pas se laisser envahir par sa subjectivité.
La multiplicité des réponses possibles sera également une difficulté à gérer pour l'enfant, il faudra qu'il se rende compte que même s'il est seul à donner une réponse, elle peut être bonne.

Objectifs spécifiques

Prendre conscience de la durée.
Symboliser une durée sur une horloge.
Concrétiser une durée par des exemples personnels.

Matériel à prévoir

Une horloge à aiguilles en classe et une horloge à cadran digital.

Déroulement

Préparation

- Introduire en ses propres termes le sujet de la situation **sans la dévoiler :** la durée.
- Demander aux enfants de s'exprimer quant à la situation. Faire faire une minute de silence e demander aux enfants de lever la main quand ils pensent que la minute est écoulée.
- Faire découvrir l'illustration et laisser les enfants observer la situation-problème selon les prin cipes de la lecture dynamique.
- Demander aux enfants ce qu'ils observent et quel est le problème.
- Expliciter les consignes et s'assurer de la compréhension de chacun.

CONSIGNES

1. Que peux-tu faire en 1 heure ? Montre sur une horloge à aiguilles ce que cela fera.
2. Que peux-tu faire en 1 journée ? Peux-tu montrer sur une horloge ce que cela fera ?
3. Que peux-tu faire en 1 semaine ?

DÉPASSEMENT

4. Combien de temps dure une journée d'école ?

Réalisation

- Consigne 1. Répartition en petites équipes de 2 ou 3.
- Hypothèse, recherche, proposition de solutions. Résolution de la consigne 1.
- Idem pour les consignes 2 et 3.
- Mise en commun. Comparaison. Discussion et argumentation.

Formalisation

- Mettre en évidence la différence entre une durée subjective et une durée objective : certaines heures (journées) te semblent-elles plus longues (courtes) que d'autres ? Pourquoi ?

Dépassement

Pour les enfants ayant résolu rapidement le problème (ou pour qui la situation ne pose pas problème), proposer de résoudre la consigne 4.

Exercices

Banque d'exercices

A. Exercices « matière »

G1 p. 82 n° 1 à 3

G2.1 GRANDEURS

Palier 2 Les unités de mesure de longueur et de durée (mètre, heure et demi-heure, jour, semaine)

Situation-Problème 1 ***Les mesures***

Structuration	Représentation	Mise en œuvre	Intégration	Évaluation

Description

Différents objets dessinés : une chaise, une table, un livre, une personne, une fenêtre, une porte.
L'enfant doit « mesurer » ces différents objets et placer une flèche le long de la grandeur illustrée qu'il a mesurée pour dire comment il a placé son instrument de mesure.
Comment fais-tu pour mesurer ?
Montre-le avec des flèches.

Caractéristiques de la situation

Par la situation, l'enfant se rendra compte qu'une longueur est la distance entre deux points précis. La situation-problème l'aidera à prendre conscience que différentes mesures sont possibles selon la manière dont on place son instrument de mesure, à familiariser l'enfant avec l'usage correct d'un instrument de mesure et, en dépassement, on pourra aborder les termes relatifs à la mesure d'objets.
Le terme « longueur » désigne la plupart du temps la plus grande dimension d'un objet, mais n'est pas le seul terme utilisé ; on parle aussi de « hauteur » pour une dimension verticale, de « profondeur » pour un objet ou un lieu qui possède un fond, dimension souvent prise verticalement aussi, d'« épaisseur » pour caractériser un empilement, de « largeur » la plupart du temps pour une dimension perpendiculaire à la longueur. Cependant, ces notions sont relatives : la longueur d'un livre devient sa hauteur quand on le range dans une bibliothèque, ... A ce stade de l'apprentissage, il ne nous semble pas opportun d'insister sur ce vocabulaire ; le maître veillera uniquement à employer des termes exacts et précis, à répondre à leurs demandes et corriger les termes abusifs des enfants sans exiger de leur part une mémorisation de ce vocabulaire.

📖 Tome 2. Page 122.

Objectifs spécifiques

Se familiariser avec l'usage d'un instrument de mesure.
Mesurer des objets dans le sens de placer correctement un instrument de mesure adéquat.
Expérimenter qu'il existe différentes mesures possibles pour un même objet.
Comparer des objets en fonction de leur taille.
En dépassement : découvrir le vocabulaire des unités de mesure de longueur.
Associer le terme avec la mesure exacte.

Matériel à prévoir

Instruments de mesure de longueur : lattes, mètres ruban, ficelle, lattes de 1 m., ...

Déroulement

Préparation

- Introduire en ses propres termes le sujet de la situation **sans la dévoiler :** comment s'y prendre pour mesurer quelque chose ?
- Demander aux enfants de s'exprimer quant à la situation : comment mesurer ? existe-t-il différentes manières de mesurer ? mesure-t-on toujours la même chose ?
- Faire découvrir l'illustration et laisser les enfants observer la situation-problème selon les principes de la lecture dynamique.
- Demander aux enfants ce qu'ils observent et quel est le problème.
- Faire expliciter les consignes et s'assurer de la compréhension de chacun.

CONSIGNES

1. Montre à l'aide d'une flèche comment tu vas placer ton instrument de mesure pour mesurer chaque objet.
2. Trouve une autre façon de placer ton instrument de mesure pour chaque objet afin de déterminer une autre mesure.

DÉPASSEMENT

3. Comment s'appellent les mesures que tu as calculées ?

Réalisation

- Consigne 1. Répartition des enfants en petites équipes de 2 ou 3.
- Inviter les enfants à s'organiser pour que chacun ait un rôle dans l'équipe et que les rôles changent.
- Présenter aux enfants du matériel pouvant aider à la résolution : latte, ficelle, mètre ruban, latte de 1m.
- Recherche, discussion et résolution de la consigne.
- Consigne 2. Relance du processus.
- Mise en commun. Comparaison. Discussion et argumentation.
- Proposer de classer ces objets du plus petit au plus grand. Les enfants se rendront compte que plusieurs classements sont possibles en fonction de la mesure que l'on prend et qu'il faut comparer les objets en mesurant la même dimension.

Formalisation

- Prendre conscience de l'importance de la précision dans les mesures, la manière de placer son instrument, le choix de l'instrument.
- Faire une synthèse dessinée des différentes mesures que l'on peut opérer sur un objet.
- Éventuellement, établir un petit lexique des termes de mesure avec une illustration pour chaque mot.
- Prendre conscience que certaines mesures sont plus pertinentes que d'autres en fonction de l'objet.

Dépassement

Pour les enfants ayant résolu rapidement le problème (ou pour qui la situation ne pose pas problème), proposer de résoudre la consigne 3.

Piste d'interdisciplinarité

Pourquoi avons-nous besoin de mesurer dans la vie de tous les jours ?
Que mesurons-nous ?

Exercices

Banque d'exercices

A. Exercices « matière »

G2 p. 83 n° 1 à 3

G2.2

GRANDEURS

Palier 2 Les unités de mesure de longueur et de durée (mètre, heure et demi-heure, jour, semaine)

Situation-Problème 2 ***Un copain de 1 mètre***

Structuration	**Représentation**	Mise en œuvre	Intégration	Évaluation

Description

Illustration d'enfants mesurant d'autres enfants.
Place prévue pour une petite « carte d'identité » : nom, classe, âge et taille de l'enfant trouvé.
Trouve dans l'école un enfant qui a la même taille que la latte de 1 mètre.
Connais-tu quelqu'un qui mesure 2 lattes d'un mètre ?

Caractéristiques de la situation

La situation vise à faire prendre conscience à l'enfant que pour évaluer une longueur, il faut la comparer à une autre qui sera valeur de référence. D'autre part, l'enfant utilisera un instrument qu'il connaît, car il le côtoie chaque jour en découvrant sa vraie utilité : la latte de 1 mètre (qui se trouve la plupart du temps au tableau).
Précisons que les enfants auront à mener leurs recherches du côté de l'école maternelle (enfants de 3 - 4 ans).
Dans cette activité, les enfants auront à comparer la taille à une longueur donnée ce qui leur permettra d'établir les relations « est plus long que », « est moins long que », « est plus haut que », ... Nous privilégions ces termes spécifiques par rapport au terme « est plus grand que » qui peut être source de confusion par après : la latte est plus grande que la feuille de papier, ce qui est vrai sur le plan des longueurs mais faux sur le plan des aires.

Tome 2. Pages 122-123.

Objectifs spécifiques

Comparer des longueurs avec un étalon donné.
Trouver une longueur équivalente à l'étalon donné.

Matériel à prévoir

Des lattes de 1 mètre ou des morceaux de ficelle qui mesurent 1 mètre.

Déroulement

Préparation

- Introduire en ses propres termes le sujet de la situation **sans la dévoiler :** mesurer à l'aide d'une latte.
- Demander aux enfants de s'exprimer quant à la situation : comment utilise-t-on une latte ? comment faut-il la placer ? que mesure-t-on avec une latte ?
- Faire découvrir l'illustration et laisser les enfants observer la situation-problème selon les principes de la lecture dynamique.
- Demander aux enfants ce qu'ils observent et quel est le problème.
- Faire expliciter les consignes et s'assurer de la compréhension de chacun.

CONSIGNES

1. Trouve dans l'école un enfant qui a la même taille que la latte de 1 mètre.
2. Connais-tu quelqu'un qui mesure deux lattes d'un mètre ?

DÉPASSEMENT

3. Trouve 5 objets plus petits que la latte de 1 mètre et 5 objets plus grands.

Réalisation

- Consigne 1. Répartition des enfants en petites équipes de 2 ou 3.
- Demander aux enfants d'établir un « plan » : comment allons-nous nous y prendre ?
- Recherche, tâtonnements, découverte et résolution.
- Consigne 2. Recherche et résolution.
- Mise en commun. Comparaison. Vérification. Discussion.

Formalisation

- Prendre conscience de l'importance de réfléchir avant de faire : de quoi ai-je besoin ? qu'est-ce que je cherche ?
- Faire le point sur ce que représente une longueur de 1 mètre.

Dépassement

Pour les enfants ayant résolu rapidement le problème (ou pour qui la situation ne pose pas problème), proposer de résoudre la consigne 3.

Piste d'interdisciplinarité

Éveil : jusqu'à quel âge grandissons-nous ? Demande d'informations auprès de l'infirmière de l'école, d'un parent médecin.

Exercices

Banque d'exercices

A. Exercices « matière »

G2 p. 84 n° 4 à 6

G2.3

GRANDEURS

Palier 2 Les unités de mesure de longueur et de durée (mètre, heure et demi-heure, jour, semaine)

Situation-Problème 3 ***La visite médicale***

Structuration	Représentation	Mise en œuvre	Intégration	Évaluation

Description

Illustration de la séance de mesure à la visite médicale : les enfants attendent d'être mesurés ; des différences de taille sont visibles. Un enfant est un peu plus petit, on se rend compte qu'il n'est pas à l'aise :
Moncef a peur.
Retrouve Moncef sur le dessin.
De quoi a-t-il peur ? et pourquoi ?

Caractéristiques de la situation

La situation vise à faire comprendre à l'enfant que mesurer, c'est évaluer une grandeur en la comparant à une autre grandeur du même type. Toute mesure est donc une comparaison et le résultat de celle-ci. Pour l'enfant, mesurer c'est « dire combien on mesure », la situation lui permettra de se rendre compte que mesurer va au-delà, mesurer c'est comparer.

Tome 2. Pages 115-116.

Objectifs spécifiques

Comparer des longueurs entre elles.
Utiliser la relation « plus grand que », « plus petit que ».

Matériel à prévoir

Éventuellement, une toise pour se mesurer.

Déroulement

Préparation

- Introduire en ses propres termes le sujet de la situation **sans la dévoiler :** la visite médicale.
- Demander aux enfants d'exprimer leur vécu quant à cette situation : les peurs, les fous rires, ce qu'on y fait, son utilité, ...
- Faire découvrir l'illustration et laisser les enfants observer la situation-problème selon les principes de la lecture dynamique.
- Demander aux enfants ce qu'ils observent et quel est le problème.
- Faire expliciter les consignes et s'assurer de la compréhension de chacun.

CONSIGNES

1. Retrouve Moncef sur le dessin.
2. De quoi a-t-il peur ?

DÉPASSEMENT

3. Trace une croix sur la tête des 3 enfants les plus grands, un rond sur la tête du plus petit.

Réalisation

- Consignes 1 et 2. Exploiter la situation de manière individuelle.
- Recherche et résolution des consignes 1 et 2.
- Demander aux enfants de préparer une justification pour leur solution.
- Mise en commun. Comparaison. Discussion et argumentation.

Formalisation

- Établir une définition du terme « mesurer ».

Dépassement

Pour les enfants ayant résolu rapidement le problème (ou pour qui la situation ne pose pas problème), proposer de résoudre la consigne 3.

Piste d'interdisciplinarité

La visite médicale : qu'y fait-on ? pourquoi existe-t-elle ?

Exercices

Banque d'exercices

A. Exercices « matière »

G2	p. 85	n° 7 à 9
	p. 86	n° 10 à 12

G2.4 GRANDEURS

Palier 2 Les unités de mesure de longueur et de durée (mètre, heure et demi-heure, jour, semaine)

Situation-Problème 4 **Au travail**

Structuration	Représentation	**Mise en œuvre**	Intégration	Évaluation

Description

Un tableau à double entrée de différents objets à mesurer avec différents instruments.
Objets à mesurer : un banc (flèche indiquant la longueur) ; la porte (la largeur), la cour (longueur), la classe (longueur et largeur), soi-même (hauteur).
Instruments de mesure : le pied, les pas et la latte de 1 mètre.
A toi de mesurer.

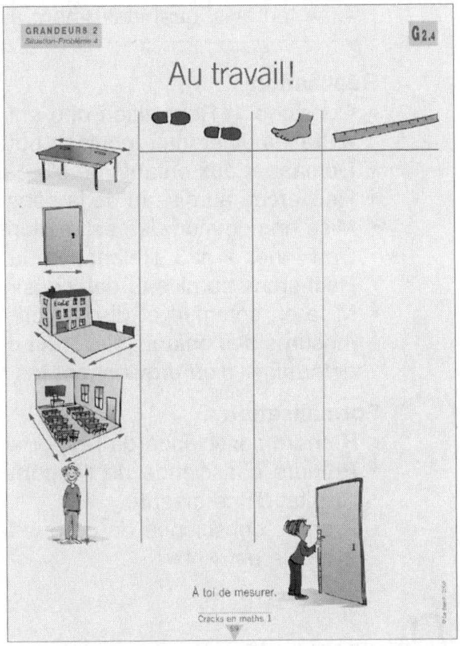

Caractéristiques de la situation

La situation vise à faire prendre conscience à l'enfant que pour mesurer quelque chose, il faut une unité de longueur qui sert de base et qu'il est nécessaire de procéder par étapes :
- choisir une unité de longueur ;
- reporter avec précision cette unité sur l'objet et compter le nombre de fois que cette unité entre dans la longueur à mesurer ;
- noter le résultat en tenant compte de l'unité choisie.

Si la cour est « hors norme », libre à l'enseignant de choisir un autre objet à mesurer.

Objectifs spécifiques

Sérier des longueurs.
Mesurer des longueurs avec des étalons divers.

Matériel à prévoir

Mettre à la disposition des enfants des lattes de 1 mètre et/ou des ficelles mesurant 1 mètre.
Il serait utile que l'enfant dispose du tableau en deux exemplaires pour lui permettre un travail au brouillon pendant la recherche.

Déroulement

Préparation
- Introduire en ses propres termes le sujet de la situation **sans la dévoiler :** prendre des mesures.
- Demander aux enfants de s'exprimer quant à la situation : comment procède-t-on pour mesurer ? Que mesure-t-on ?

- Faire découvrir l'illustration et laisser les enfants observer la situation-problème selon les prin
cipes de la lecture dynamique.
- Demander aux enfants ce qu'ils observent et quel est le problème.
- Faire expliciter les consignes et s'assurer de la compréhension de chacun.

CONSIGNES

1. Estime. Numérote les différents objets du plus petit au plus grand de 1 à 6.
2. Mesure chaque objet avec chaque instrument.
3. Complète le tableau en indiquant le nombre de pieds, de pas, de lattes pour chaque objet.

DÉPASSEMENT

4. À ton avis, quel instrument est le plus précis et pratique. Pourquoi ?

Réalisation

- Consigne 1. Répartition des enfants en petites équipes de 2. On peut aussi répartir les tâches entre les différentes équipes pour ensuite s'échanger les informations.
- Demander aux enfants de s'organiser, de se mettre d'accord quant au « comment s'y prendre »
- Recherche au niveau de la consigne 1 : estimations.
- Mise en commun des estimations et justifications.
- Consignes 2 et 3. Relance de la recherche à deux.
- Recherche au niveau des consignes 2 et 3 : mesures et vérifications.
- Mise en commun et discussion : prévoir le tableau à double entrée en grand au tableau : si les mesures des enfants s'avèrent différentes, il conviendra de refaire ensemble les mesures afin de déterminer d'où proviennent les différences.

Formalisation

- Prendre conscience de l'importance de la précision dans les mesures.
- Prendre conscience de l'importance de l'« outil » pour mesurer avec précision, pour vérifier le résultat d'une mesure.
- Prendre conscience de ce que le mètre est l'unité de base des mesures de longueur, que son symbole est « m ».

Dépassement

Pour les enfants ayant résolu rapidement le problème (ou pour qui la situation ne pose pas problème), proposer de résoudre la consigne 4.

Piste d'interdisciplinarité

Recherche : quels métiers utilisent les mesures de longueur et pourquoi ?

Exercices

Banque d'exercices

A. Exercices « matière »

G2 p. 87 n° 13 à 15

G2.5

GRANDEURS

Palier 2 Les unités de mesure de longueur et de durée (mètre, heure et demi-heure, jour, semaine)

Situation-Problème 5 **Un beau rang**

Structuration	Représentation	Mise en œuvre	Intégration	Évaluation

Description

Illustration d'un grand groupe d'enfants représentant une classe.
Tous ensemble, rangez-vous du plus petit au plus grand.
Le classement en lui-même se fera sur une feuille séparée, en faisant une liste des noms.

Caractéristiques de la situation

La difficulté de la situation réside dans le fait que les enfants ne peuvent se comparer que deux à deux et que toute une organisation de groupe est nécessaire afin d'être certain du résultat. L'enseignant devra veiller à ce que l'ensemble du groupe soit en recherche et non pas seulement un ou deux enfants et il ne manquera pas de laisser le temps aux enfants de chercher sans intervenir.

Objectifs spécifiques

Se comparer en terme de longueur.
Se sérier les uns, les autres.

Matériel à prévoir

De l'espace suffisant, peut-être une planchette pour visualiser la différence de taille entre deux enfants par rapport à l'horizontalité en la plaçant sur la tête.

Déroulement

Préparation

- Introduire en ses propres termes le sujet de la situation **sans la dévoiler :** se ranger du plus petit au plus grand.
- Demander aux enfants de s'exprimer quant à la situation : ont-ils déjà fait un rang ? Comment le rang a-t-il été constitué ?
- Faire découvrir l'illustration et laisser les enfants observer la situation-problème selon les principes de la lecture dynamique.
- Demander aux enfants ce qu'ils observent et quel est le problème.
- Faire expliciter les consignes et s'assurer de la compréhension de chacun.

CONSIGNES

1. Tous ensemble, rangez-vous du plus petit au plus grand.
2. Faites la liste de votre classement.

DÉPASSEMENT

3. Imaginez un autre classement.

Réalisation

- Consignes 1 et 2. La situation doit obligatoirement être exploitée en groupe classe. Néanmoins, i serait utile qu'avant toute chose, les enfants réfléchissent à une stratégie : comment allons-nous nous y prendre ? Cette étape de réflexion préalable peut se réaliser en petites équipes et être l'objet d'une mise en commun.
- Recherche – tâtonnements – essais successifs.
- Solution – vérification.

Formalisation

- Prise de conscience de la difficulté de « juger », d '« évaluer » quelque chose quand on fait partie de cette chose : les enfants étant tous placés dans le rang, ils ne peuvent vérifier l'exactitude du classement.

Dépassement

Pour les enfants ayant résolu rapidement le problème (ou pour qui la situation ne pose pas problème), proposer de résoudre la consigne 3.

Piste d'interdisciplinarité

Les rangs, pourquoi ? comment ? dans quelles circonstances ?

Exercices

Banque d'exercices

A. Exercices « matière »

G2 p. 88 n° 16 à 18

G2.6

GRANDEURS

Palier 2 **Les unités de mesure de longueur et de durée (mètre, heure et demi-heure, jour, semaine)**

Situation-Problème 6 ***Papa et moi***

Structuration	Représentation	Mise en œuvre	Intégration	Évaluation

Description

Illustration d'un papa qui traverse la cour avec son enfant.
Pour parcourir la même distance, traverser la cour, papa fait 19 pas et moi, j'en compte 34. Pourquoi ?

Caractéristiques de la situation

La situation vise à faire prendre du recul à l'enfant. Elle l'oblige à se décentrer pour résoudre l'énigme. Toute mesure résulte de la comparaison d'une longueur avec une unité donnée. L'unité « pas » de papa n'est pas égale à l'unité « pas » de l'enfant et nous voici au cœur du problème de la nécessité d'unités de mesure conventionnelles.
Les enfants auront peut-être effleuré le problème lorsqu'ils auront mesuré la cour, la classe, ... avec des pas et des pieds, néanmoins, la différence de taille entre des enfants d'une même classe étant faible, la différence de mesure devait être moins importante et peut-être passer inaperçue ou être imputée à un manque de précision.

📖 Tome 2. Page 123.

Objectifs spécifiques

Découvrir l'importance de l'unité de mesure conventionnelle.

Matériel à prévoir

Aller dans la cour et la mesurer en terme de « pas » (normalement, les enfants ont déjà mesuré la cour lors de la situation-problème G2.4 – il faudra ici essentiellement comparer les mesures entre elles).

Déroulement

Préparation

- Introduire en ses propres termes le sujet de la situation **sans la dévoiler :** marcher avec son papa (ou un autre adulte).
- Demander aux enfants de s'exprimer quant à la situation. Leur demander s'ils se sont déjà promenés en donnant la main à leur papa, s'ils aiment ça, s'ils ont remarqué quelque chose.

- Faire découvrir l'illustration et laisser les enfants observer la situation-problème selon les principes de la lecture dynamique.
- Demander aux enfants ce qu'ils observent et quel est le problème.
- Faire expliciter les consignes et s'assurer de la compréhension de chacun.

CONSIGNES

1. Pourquoi papa fait-il 19 pas et moi 34 pas pour une même distance ?

DÉPASSEMENT

2. Comment connaître la longueur de la cour ?

Réalisation
- Consigne 1. Exploiter la situation par équipes de deux.
- Recherche – émission d'hypothèses.
- Solution – vérification.
- Mise en commun – communication – justification.

Formalisation
- Prendre conscience de la nécessité d'avoir des unités conventionnelles de mesure pour se comprendre, pour communiquer.

Dépassement

Pour les enfants ayant résolu rapidement le problème (ou pour qui la situation ne pose pas problème), proposer de résoudre la consigne 2.

Piste d'interdisciplinarité

Vocabulaire des sentiments. Quels sentiments s'éveillent en moi lorsque je marche en donnant la main à papa ? sont-ce les mêmes sentiments lorsque je donne la main à mon petit frère (sœur) ?, ...

Exercices

Banque d'exercices

A. Exercices « matière »
G2 p. 89 nº 19 à 21

G3.1 GRANDEURS

Palier 3 Les unités de mesure de durée, de longueur et de masse (kilo, mètre, heure et demi-heure, jour, semaine)

Situation-Problème 1 **Expérience**

Structuration	Représentation	Mise en œuvre	Intégration	Évaluation

Description

Une bassine d'eau ou même un lavabo.
Deux gobelets en plastique.
On demande aux enfants de faire des hypothèses et de les vérifier à propos de la flottaison de leurs « bateaux-gobelets ».
Montrer différents objets : une gomme, une cartouche d'encre, un morceau de craie, un taille-crayon, un crayon.
Pourquoi « ça » flotte ? Pourquoi « ça » coule ?

Caractéristiques de la situation

La situation vise à introduire l'enfant au monde des masses. La notion de masse est difficile pour l'enfant de cet âge, vu qu'il est encore fortement influencé par l'apparence visuelle des objets : plus c'est grand et volumineux, plus c'est lourd (expériences de Piaget, 1972). Il est donc très important que l'enfant puisse faire l'expérience, qu'il puisse manipuler, soupeser les objets pour arriver à dépasser ses difficultés et admettre qu'un grand morceau de frigolite pèse moins qu'un petit morceau de métal. Nous proposons d'employer le terme de « masse » avec les enfants et non le terme abusif de « poids » comme dans le langage courant.

Tome 2. Pages 150-151.

Objectifs spécifiques

Découvrir la notion de masse.
Manipuler, soupeser des masses.
Comparer des objets entre eux en fonction de leur masse.

Matériel à prévoir

Une bassine, deux gobelets en plastique ou récipients en frigolite, les objets à déposer dans les « bateaux ».

Déroulement

Préparation

- Introduire en ses propres termes le sujet de la situation **sans la dévoiler :** faire flotter des bateaux
- Demander aux enfants d'exprimer leur expérience en ce domaine : ont-ils déjà joué avec des petits bateaux ? Que se passe-t-il quand un bateau coule ? Qu'est-ce qui fait couler un bateau ?
- Faire découvrir l'illustration et laisser les enfants observer la situation-problème selon les principes de la lecture dynamique.
- Demander aux enfants ce qu'ils observent et quel est le problème.
- S'assurer que les enfants comprennent les termes de « plus lourd », « moins lourd », ...
- Faire expliciter les consignes et s'assurer de la compréhension de chacun.

CONSIGNES

1. Classe ces objets en deux groupes : ceux qui font couler le bateau-gobelet et ceux qui le laissent flotter.
2. Pourquoi certains objets font-ils couler le bateau et d'autres pas ?

DÉPASSEMENT

3. À l'aide d'une barquette en frigolite, recommence l'expérience. Trouves-tu les mêmes résultats ? Pourquoi ?

Réalisation

- Consigne 1. Exploiter la situation par équipes de trois.
- Émettre des hypothèses et classer les objets en deux groupes : ceux qui font couler le bateau et ceux qui le laissent flotter.
- Expérience dans la bassine ou le lavabo.
- Nouveau classement en fonction de l'expérience – vérification.
- Mise en commun. Comparaison
- Consigne 2. Discussion – justification.

Formalisation

- Prendre conscience que nos sens nous trompent parfois. On a l'impression que c'est plus lourd alors que ce n'est pas vrai.
- Prendre conscience de l'importance de vérifier ses solutions, ses idées, ... afin d'être sûr de soi et précis.

Dépassement

Pour les enfants ayant résolu rapidement le problème (ou pour qui la situation ne pose pas problème), proposer de résoudre la consigne 3.

Piste d'interdisciplinarité

Réalisation de petits bateaux qui flottent.
Kim-masse : les yeux fermés, on dépose un objet dans la main et on doit deviner ce que c'est sans le tâter.

Exercices

Banque d'exercices

A. Exercices « matière »

G3 p. 90 n° 1 à 3

G3.2 GRANDEURS

Palier 3 Les unités de mesure de durée, de longueur et de masse (kilo, mètre, heure et demi-heure, jour, semaine)

Situation-Problème 2 **Soupesons**

Structuration	Représentation	Mise en œuvre	Intégration	Évaluation

Description

Plusieurs objets à classer du plus lourd au plus léger en estimant la masse en la soupesant.
Objets : un bic, une latte, un plumier, une paire de chaussures, un anorak, une chaise, un dictionnaire, une craie, une feuille de papier, un ballon.
Confronte ton classement avec celui de tes copains de classe.
Avez-vous les mêmes résultats ?
Pourquoi ?

Caractéristiques de la situation

La situation vise à aider l'enfant à dépasser sa difficulté due à l'apparence visuelle des objets en lui demandant de les manipuler concrètement. Il devra ici soupeser chacun des dix objets et déterminer une sériation.
De plus, la situation se veut aussi une introduction au problème de l'unité de mesure : pour faciliter les comparaisons et permettre une sériation précise des objets en fonction de leur masse, l'unité de base apparaît comme une nécessité.

Objectifs spécifiques

Comparer des objets en fonction de leur masse sans étalon commun.
Sérier des masses sans étalon commun.

Matériel à prévoir

Les dix objets illustrés : un bic, une latte, un plumier, une paire de chaussures, un anorak, une chaise, un dictionnaire, une craie, une feuille de papier, un ballon.
Il serait peut-être intéressant de disposer de deux exemplaires de la situation pour pouvoir découper les dix objets et ainsi pouvoir les classer sur sa table de travail.

Déroulement

Préparation
- Introduire en ses propres termes le sujet de la situation **sans la dévoiler :** soupeser des objets et établir un classement.

- Demander aux enfants d'exprimer leur expérience en ce domaine. Ont-ils déjà soupesé des choses pour déterminer ce qui est le plus lourd ? Dans quelle circonstance ?
- Faire découvrir l'illustration et laisser les enfants observer la situation-problème selon les principes de la lecture dynamique.
- Demander aux enfants ce qu'ils observent et quel est le problème.
- Rassembler le matériel concret à sérier et le préparer de manière à ce que chacun puisse s'en servir.
- S'assurer que les enfants comprennent le terme « soupeser ».
- Faire expliciter les consignes et s'assurer de la compréhension de chacun.

CONSIGNES

1. Soupèse les objets et établis le classement.
2. Compare ton classement à celui de tes copains de classe. Avez-vous les mêmes résultats ? Pourquoi ?

DÉPASSEMENT

3. Classe ces objets en deux colonnes : les objets légers et les objets lourds. Comment effectues-tu ce classement ?

Réalisation

- Consigne 1. Exploiter la situation par équipes de trois.
- Établir une stratégie de groupe. Comment allons-nous procéder ? Organisation : qui fait quoi ?
- Estimation du résultat de la sériation. Chacun donne un numéro de classement à chaque objet, en fonction de son appréciation.
- En équipe, les enfants soupèsent individuellement les objets et établissent un classement.
- Mise en commun à l'intérieur du petit groupe. Comparaison des résultats – justifications – comparaison avec les estimations.
- Consigne 2. Vérification par équipe en soupesant à nouveau les objets.
- On affine la sériation – on se met d'accord.
- Mise en commun collective – discussion.

Formalisation

- Prendre conscience de la difficulté d'établir un classement précis, d'obtenir une mesure rigoureuse, en soupesant.
- Prendre conscience que pour mesurer avec précision, il faut comparer la grandeur à évaluer avec une unité de référence.

Dépassement

Pour les enfants ayant résolu rapidement le problème (ou pour qui la situation ne pose pas problème), proposer de résoudre la consigne 3.

Exercices

Banque d'exercices

A. Exercices « matière »

G3	p. 91	n° 4 à 6
	p. 92	n° 7 à 9

G3.3

GRANDEURS

Palier 3 Les unités de mesure de durée, de longueur et de masse (kilo, mètre, heure et demi-heure, jour, semaine)

Situation-Problème 3 ***Quelle balance !***

Structuration	Représentation	Mise en œuvre	Intégration	Évaluation

Description

Différentes situations :
- Une quantité de sucre pour faire un gâteau.
- M. X se demande s'il peut entrer dans l'ascenseur.
- Combien de timbres mettre sur une enveloppe ?
- J'hésite entre deux melons. Lequel est le plus lourd ?
- Le chauffeur se demande s'il peut passer sur le pont avec son camion. Un panneau indique la masse totale autorisée.

Différentes balances :
Une balance de ménage, un pèse-lettres, un pèse-personnes, une balance à plateau, une balance à camion, un mètre.
A toi de choisir le bon instrument.

Caractéristiques de la situation

La situation introduit différents instruments de mesure et permettra aux enfants de les découvrir. L'enfant se rendra compte qu'il ne suffit pas d'avoir une balance pour pouvoir mesurer avec précision la masse d'un objet, encore faut-il choisir le bon instrument en fonction de ce qu'on veut mesurer. Il est indispensable que l'enfant puisse approcher différentes balances et qu'il puisse les manipuler pour pouvoir se rendre compte de leur mode de fonctionnement.
Toutefois, il n'est pas question à ce stade, de faire fonctionner la balance dans le but de lire la mesure ; cela viendra en fin d'apprentissage, lorsque l'unité de mesure sera acquise.

Objectifs spécifiques

Choisir le bon instrument de mesure en fonction de ce que l'on doit peser.
Manipuler des instruments de mesure de masse (à condition que ceux-ci aient été rassemblés par le maître).

Matériel à prévoir

Différentes balances à manipuler : balance de ménage (digitale et mécanique), pèse-personne, balance à plateaux, pèse-lettres, ...

Déroulement

Préparation

- Introduire en ses propres termes le sujet de la situation **sans la dévoiler :** utiliser des balances pour peser.
- Demander aux enfants d'exprimer leur expérience en ce domaine. Qu'ont-ils déjà vu comme balance ? Comment cela fonctionne-t-il ? ...
- Faire découvrir l'illustration et laisser les enfants observer la situation-problème selon les principes de la lecture dynamique.
- Demander aux enfants ce qu'ils observent et quel est le problème.
- Rassembler différentes balances et laisser les enfants les manipuler avec précaution : une balance est « explorée » par une équipe de trois enfants pendant 5 minutes, puis on échange de balance.
- Faire expliciter les consignes et s'assurer de la compréhension de chacun.

CONSIGNES

1. Choisis le bon instrument pour chaque situation.

DÉPASSEMENT

2. Classe les situations en fonction des masses dont elles traitent du plus léger au plus lourd.

Réalisation

- Consigne 1. Exploiter la recherche individuellement dans un premier temps.
- Recherche – hypothèses – solution – vérification.
- Mise en commun par petites équipes de 3 ou 4 – communication.
- Relance de la recherche par petites équipes de 3 ou 4.
- Mise en commun collective et vérification.

Formalisation

- Prendre conscience que posséder un instrument de mesure ne facilite pas toujours la tâche. Encore faut-il choisir le bon instrument, pouvoir s'en servir, comprendre et interpréter la mesure affichée.
- Découvrir le nom et les caractéristiques de chaque balance.

Dépassement

Pour les enfants ayant résolu rapidement le problème (ou pour qui la situation ne pose pas problème), proposer de résoudre la consigne 2.

Piste d'interdisciplinarité

Vocabulaire : préciser les noms des différentes balances et leurs particularités.

Exercices

Banque d'exercices

A. Exercices « matière »

G3 p. 93 n° 10 à 12

G3.4

GRANDEURS

Palier 3 Les unités de mesure de durée, de longueur et de masse (kilo, mètre, heure et demi-heure, jour, semaine)

Situation-Problème 4 ***Utilisons la balance***

Structuration	Représentation	**Mise en œuvre**	Intégration	Évaluation

Description

Différents objets à peser à l'aide de la balance à plateau : une pomme, un dictionnaire, un cartable, un litre de lait, un paquet de sucre, un enfant.
Un tableau à remplir : < 1 kg, 1 kg, >1 kg, j'estime, je pèse.
Complète le tableau ci-dessus.

Caractéristiques de la situation

Cette situation poursuit un double but. D'une part, elle vise à apprendre à l'enfant à comparer la masse de l'objet par rapport à une unité conventionnelle, ce qui l'initie à la véritable mesure et d'autre part, elle apporte à l'enfant une image mentale de ce que représente une masse de 1 kilo.
Il est très important que l'enfant estime d'abord les masses avant de les placer sur la balance à plateau afin qu'il affine petit à petit cette image mentale en construction.

Objectifs spécifiques

Découvrir une unité de mesure conventionnelle et commune.
Comparer différentes masses au kilogramme.
Évaluer une masse de 1 kilogramme.
Associer la mesure conventionnelle de 1 kilogramme à un support concret.

Matériel à prévoir

Plusieurs balances à plateau (= balance de roberval).
Les différents objets à peser.

Déroulement

Préparation

- Introduire en ses propres termes le sujet de la situation **sans la dévoiler :** peser des objets.
- Demander aux enfants d'exprimer leur expérience en ce domaine. Dans quels lieux, quelles circonstances, à quels moments ont-ils déjà observé que l'on pesait des objets ?
- Faire découvrir l'illustration et laisser les enfants observer la situation-problème selon les principes de la lecture dynamique.
- Demander aux enfants ce qu'ils observent et quel est le problème.
- Faire expliciter les consignes et s'assurer de la compréhension de chacun.

CONSIGNES

1. Complète le tableau en estimant d'abord la masse des objets, puis, en les pesant.

DÉPASSEMENT

2. Dessine deux autres objets de masse inférieure à 1 kilo, deux objets de masse équivalente à 1 kilo et deux objets de masse supérieure à 1 kilo.

Réalisation

- Consigne 1. Exploiter la situation en petites équipes de 2 ou 3.
- Demander aux enfants d'établir un plan de travail : qui fait quoi, essayer de varier les tâches de chacun pour chaque objet.
- Les enfants estiment les différentes masses de manière individuelle et discutent entre eux de leurs estimations.
- Les enfants vérifient leurs estimations grâce à l'emploi de la balance ; calcul des différentes masses.
- Discussion à propos des différences entre estimation et mesure : d'où viennent les différences ?
- Mise en commun collective (prévoir le tableau en grand au tableau) – vérification – discussion.

Formalisation

- Établir un tableau récapitulatif sur la notion de kilo, unité conventionnelle de référence, y associer des représentations concrètes : paquet de sucre, 5 ou 6 pommes, ...
- Prendre conscience de l'utilité d'avoir une unité conventionnelle de référence, son rôle, sa raison d'être, trouver d'autres unités conventionnelles de référence.

Dépassement

Pour les enfants ayant résolu rapidement le problème (ou pour qui la situation ne pose pas problème), proposer de résoudre la consigne 2.

Exercices

Banque d'exercices

A. Exercices « matière »

G3 p. 94 n° 13 à 15

G3.5

GRANDEURS

Palier 3 Les unités de mesure de durée, de longueur et de masse (kilo, mètre, heure et demi-heure, jour, semaine)

Situation-Problème 5 ***Un nouveau rang***

Structuration	Représentation	**Mise en œuvre**	Intégration	Évaluation

Description

Classez-vous du plus léger au plus lourd.
Est-ce le même rang que celui du plus petit au plus grand ?
Pourquoi ?

Caractéristiques de la situation

La situation fait évidemment référence au rang établi lors de l'étude des mesures de longueurs. A nouveau, les enfants vont devoir se comparer entre eux en vue d'établir un classement qui se révélera sensiblement différent du premier. Deux choses sont importantes à épingler : d'une part, il existe une multitude de classements différents, on peut classer les gens de beaucoup de manières différentes, on obtient toujours des résultats différents, il n'existe pas de classement universel, il n'existe pas de critère supérieur aux autres, il n'existe pas de réponse unique.
D'autre part, il faudra faire remarquer aux enfants qu'ils auront établi ce deuxième rang avec plus de facilité vu que, plus que probablement, ils se seront référés à la mesure en kilo.

Objectifs spécifiques

Se comparer par rapport à une mesure conventionnelle.
Se sérier par rapport à sa masse.

Matériel à prévoir

Prévoir de l'espace suffisant et un pèse-personne.

Déroulement

Préparation

- Introduire en ses propres termes le sujet de la situation **sans la dévoiler :** faire un rang en fonction des masses.
- Demander aux enfants s'ils se souviennent de s'être mis en rang de taille, s'ils se souviennent de l'ordre.

- Faire découvrir l'illustration et laisser les enfants observer la situation-problème selon les principes de la lecture dynamique.
- Demander aux enfants ce qu'ils observent et quel est le problème.
- Faire expliciter les consignes et s'assurer de la compréhension de chacun.

CONSIGNES

1. Rangez-vous du plus léger au plus lourd.
2. Faites une liste du classement et comparez-la à la liste du rang des tailles.

DÉPASSEMENT

3. Imaginez et réalisez encore un autre classement pour les enfants de la classe.

Réalisation

- Consigne 1. Exploiter la situation de manière collective.
- Demander aux enfants de s'organiser quant à la recherche à effectuer (sans balance).
- Recherche – essais – tâtonnements.
- Solution – Consigne 2.
- Vérification à l'aide de la balance.

Formalisation

- Prendre conscience de la facilité et de l'utilité des mesures précises et conventionnelles pour établir un classement.
- Prendre conscience des différences entre les deux classements. Imaginer d'autres classements que l'on pourrait effectuer.

Dépassement

Pour les enfants ayant résolu rapidement le problème (ou pour qui la situation ne pose pas problème), proposer de résoudre la consigne 3.

Piste d'interdisciplinarité

Éducation à la citoyenneté. Respect des différences, lutte contre le racisme, chaque critère donne un classement, reconnaissance des qualités et des défauts de chaque état (avantages et inconvénients d'être grand, petit, gros, léger, …).

Exercices

Banque d'exercices

A. Exercices « matière »

G3 p. 95 n° 16 à 18

GRANDEURS

Palier 3 Les unités de mesure de durée, de longueur et de masse (kilo, mètre, heure et demi-heure, jour, semaine)

Situation-Problème 6 **Mystère**

Structuration	Représentation	Mise en œuvre	**Intégration**	Évaluation

Description

Le plus grand est-il toujours le plus lourd ?
Trouve 3 exemples et 3 contre-exemples.

Caractéristiques de la situation

La situation vise à aider l'enfant à se détacher de l'emprise de la visualisation sur son jugement : en effet, à cet âge, l'enfant a naturellement tendance à se baser sur l'apparence extérieure des choses pour porter un jugement quant à sa masse. En lui demandant de chercher des exemples et des contre-exemples, il sera obligé de quitter cette représentation et ainsi accéder à une représentation plus exacte de la réalité.
Il est probable que les enfants ne comprendront pas le terme de « contre-exemple », nous comptons sur le maître pour leur en faire découvrir le sens.
Le fait de chercher des exemples mais aussi des contre-exemples est très important pour apprendre à l'enfant une démarche scientifique et l'ouvrir au monde de l'argumentation.

Objectifs spécifiques

Evaluer des masses.
Découvrir les rapports entre les longueurs et les masses.

Déroulement

Préparation

- Introduire en ses propres termes le sujet de la situation **sans la dévoiler :** les objets les plus grands sont-ils toujours les plus lourds ?
- Demander aux enfants s'ils ont déjà été surpris en soulevant quelque chose : que cela leur semblait plus facile (ou difficile) qu'ils ne le pensaient, dans quelles circonstances ?, pourquoi cette impression ?, ...
- Faire découvrir l'illustration et laisser les enfants observer la situation-problème selon les principes de la lecture dynamique.
- Demander aux enfants ce qu'ils observent et quel est le problème.
- Vérifier la compréhension des termes « exemple » et « contre-exemple ».
- Faire expliciter les consignes et s'assurer de la compréhension de chacun.

CONSIGNES

1. Trouve 3 exemples qui prouvent que le plus grand est le plus lourd.
2. Trouve 3 contre-exemples qui prouvent que le plus grand n'est pas le plus lourd.

DÉPASSEMENT

3. .Pourquoi deux objets de même taille (exemple : une balle de ping-pong, une balle de golf) ont-ils une masse différente ?

Réalisation

- Diviser la classe en deux camps. La première équipe cherchera la solution de la consigne 1, la deuxième équipe cherchera la solution de la consigne 2. Puis, alterner afin que chacun s'essaye à trouver des arguments en positif et en négatif.
- Consigne 1. Exploiter la situation en petites équipes de 3 ou 4.
- Recherche des exemples – concertation dans les petites équipes – discussion – accord.
- Consigne 2 : idem consigne 1.
- Mise en commun collective – discussion – justification – vérification.

Formalisation

- Établir une définition des termes d'« exemple » et de « contre-exemple ».
- Discuter de ce qui peut tromper notre esprit dans nos jugements.

Dépassement

Pour les enfants ayant résolu rapidement le problème (ou pour qui la situation ne pose pas problème), proposer de résoudre la consigne 3.

Exercices

Banque d'exercices

A. Exercices « matière »

G3 p. 96 n° 19 à 21

G4.1 GRANDEURS

Palier 4 Les unités de mesure, de durée, de longueur, de masse et de capacité (litre, kilo, mètre, heure et demi-heure, jour, semaine)

Situation-Problème 1 ***Un peu de musique***

Structuration	Représentation	Mise en œuvre	Intégration	Évaluation

Description

Illustration de différentes bouteilles remplies différemment de liquide.
Plus la bouteille est remplie, plus le son est aigu. (Exprimer l'aigu avec des notes très hautes sur une portée)
Plus la bouteille est vide, plus le son est grave. (Exprimer le grave avec des notes très graves sous une portée)
Quel sera le son d'une bouteille vide ? (Le plus grave)
Et d'une bouteille remplie ? (Le plus aigu)
Ordonne les bouteilles du son le plus grave au son le plus aigu.

Caractéristiques de la situation

La situation vise à comparer des capacités par l'intermédiaire d'une autre mesure : les sons.
La difficulté résulte évidemment du manque de référence, du manque d'unité conventionnelle. Les enfants pourront produire du son soit en soufflant sur le goulot des bouteilles, soit en les frappant légèrement.
Cette activité est tout à fait réalisable en groupe vertical 5-8.
Pour rappel, plus le son est aigu, plus la bouteille est remplie et vice versa.
Afin de ne pas confondre la contenance et le niveau de remplissage, on peut n'utiliser que des bouteilles de même contenance mais de formes différentes. En effet, la capacité d'un récipient , c'est ce qu'il peut contenir.
📖 Tome 2. Page 147.

Objectifs spécifiques

Comparer des sons liés à des contenances, sans unité commune.
Classer des objets dans l'ordre croissant en fonction du critère son, sans être influencé par un autre critère (forme, taille, ...)

Matériel à prévoir

Des bouteilles de toutes sortes mais de même contenance, remplies différemment.

Déroulement

Préparation

- Introduire en ses propres termes le sujet de la situation **sans la dévoiler :** classer des bouteilles en fonction de leur son.
- Demander aux enfants s'ils ont déjà fait de la musique, comment, leur demander ce qu'est un son, s'il y a des sons différents, ... Expérimenter un son grave et un son aigu.
- Faire découvrir l'illustration et laisser les enfants observer la situation-problème selon les principes de la lecture dynamique.
- Demander aux enfants ce qu'ils observent et quel est le problème.
- Expliquer les termes d'aigu et de grave – faire écouter les différences et se familiariser avec ce monde des sons.
- Faire expliciter les consignes et s'assurer de la compréhension de chacun.

CONSIGNES

1. Classe les bouteilles du son le plus grave au son le plus aigu.
2. Quel sera le son d'une bouteille vide ? Quel sera le son d'une bouteille pleine ?

DÉPASSEMENT

3. Prends trois bouteilles de formes différentes, verses-y une même quantité de liquide ; que devient le son ?

Réalisation

- Consigne 1. Exploiter la recherche par petites équipes de 3.
- Demander aux enfants de s'organiser : qui fait quoi ? par quoi commencer ?, ...
- Recherche – essai – tâtonnement.
- Solution – vérification.
- Mise en commun – discussion – justification.
- Consigne 2. Recherche d'hypothèse individuelle
- Vérification par expérimentation concrète.
- Mise en commun collective – discussion.

Formalisation

- Discuter de la difficulté d'établir un classement sans point de référence commun.
- Établir le lien avec les difficultés rencontrées pour établir d'autres classements : « Les mesures », « Un beau rang », « Soupesons ».

Dépassement

Pour les enfants ayant résolu rapidement le problème (ou pour qui la situation ne pose pas problème), proposer de résoudre la consigne 3.

Piste d'interdisciplinarité

- Introduction à la musique : le nom des notes, composer des petites mélodies.
- Pourquoi ne pas profiter de l'occasion pour composer une chanson ?
- Expérimenter les sons aigus et graves avec des bouteilles identiques et différentes.

Exercices

Banque d'exercices

A. Exercices « matière »

G4 p. 97 n° 1 à 3

G4.2

GRANDEURS

Palier 4 Les unités de mesure, de durée, de longueur, de masse et de capacité (litre, kilo, mètre, heure et demi-heure, jour, semaine)

Situation-Problème 2 ***De l'eau à gogo***

Structuration	Représentation	Mise en œuvre	Intégration	Évaluation

Description

Différents récipients sont présentés par deux.
L'enfant doit se prononcer sur celui qui a la plus grande contenance.
– une tasse et une canette.
– deux récipients de même hauteur, de largeurs différentes.
– deux récipients de même largeur, de hauteurs différentes.
– une gourde et un berlingot.
– une grande casserole et un seau.
Lequel des deux récipients a la plus grande contenance ?
Prouve-le.

Caractéristiques de la situation

La situation poursuit un triple objectif : tout d'abord, l'enfant est à nouveau confronté à la difficulté d'établir un classement sans unité de référence ; ensuite, il va devoir dépasser son réalisme enfantin qui trompe son jugement en se basant sur la visualisation ; enfin, il va devoir établir une stratégie qui lui permettra de prouver, de vérifier ses solutions : en effet, en transvasant le récipient le plus petit dans le plus grand, il pourra prouver ce qu'il avance.

Objectifs spécifiques

Sérier des capacités sans unité conventionnelle.
Manipuler des capacités.

Matériel à prévoir

Des récipients présentant les mêmes particularités que dans la situation.
Prévoir la possibilité de faire des transvasements.

Déroulement

Préparation

- Introduire en ses propres termes le sujet de la situation **sans la dévoiler :** déterminer dans quel récipient il y a le plus de liquide.
- Demander aux enfants s'ils ont déjà dû choisir entre deux récipients (un simple apéritif en famille, par exemple), comment ont-ils pu déterminer lequel contenait le plus de liquide ?

- Faire découvrir l'illustration et laisser les enfants observer la situation-problème selon les principes de la lecture dynamique.
- Demander aux enfants ce qu'ils observent et quel est le problème.
- Expliquer les termes « contenance » et « récipient »..
- Faire expliciter les consignes et s'assurer de la compréhension de chacun.

CONSIGNES

1. Lequel des deux récipients a la plus grande contenance ?
2. Prouve-le.

DÉPASSEMENT

3. Classe les dix récipients de la situation de la plus grande contenance à la plus petite contenance.

Réalisation

- Consigne 1. Diviser la classe (ou le cycle) en 3 équipes. Chacune des équipes se prononcera sur deux couples de récipients.
- Chaque équipe sera composée de plusieurs groupes de 3 personnes qui travailleront ensemble.
- Demander aux enfants d'établir une stratégie de groupe. Qui fait quoi ? par quoi commencer , ...
- Recherche – essais – tâtonnements.
- Solution – vérification.
- Mise en commun en équipe – discussion – justification.
- Mise en commun collective – comparaison des résultats – discussion.
- Consigne 2. Recherche individuelle de processus de vérification.
- Vérification par expérimentation concrète : transvasements.
- Mise en commun collective – discussion.

Formalisation

- Prendre conscience de l'aspect trompeur de certains récipients. En discuter et trouver des raisons.
- Discuter de la stratégie mise au point pour vérifier le classement : le transvasement.

Dépassement

Pour les enfants ayant résolu rapidement le problème (ou pour qui la situation ne pose pas problème), proposer de résoudre la consigne 3.

Piste d'interdisciplinarité

Fabriquer un apéritif – cocktail : 1 litre de lait demi-écrémé, 1 kilo de fromage blanc demi-gras, 2 bananes, 2 oranges et quelques glaçons.
Presser les oranges et mixer le tout jusqu'à l'obtention d'un liquide homogène. (recette proposée par l'O.N.D.A.H.)

Exercices

Banque d'exercices

A. Exercices « matière »

G4	p. 98	n° 4 à 6
	p. 99	n° 7 à 9

G4.3

GRANDEURS

Palier 4 Les unités de mesure, de durée, de longueur, de masse et de capacité (litre, kilo, mètre, heure et demi-heure, jour, semaine)

Situation-Problème 3 **Quelle tasse!**

Structuration	Représentation	Mise en œuvre	Intégration	Évaluation

Description

Problème illustré.
J'ai une carafe de grenadine. Combien de gobelets vais-je pouvoir servir ?
De plus, j'ai deux modèles de gobelets : les gobelets A qui sont étroits et hauts, les gobelets B qui sont larges et bas.
Puis-je servir autant de gobelets A que de B ?
Comment en être certain ?
À toi de voir.

Caractéristiques de la situation

La situation permettra aux enfants de comparer des quantités à l'aide de deux unités de référence non conventionnelles mais communes à la classe : les deux gobelets.
Une fois encore, les gobelets seront la proie d'un jugement trompeur que l'enfant devra dépasser par l'expérience concrète.
La manipulation concrète des gobelets et du liquide permettra à l'enfant d'établir une stratégie pour arriver à vérifier ses hypothèses.
Dans un premier temps (consigne 1), l'enfant se contentera de transvaser et de compter le nombre de gobelets remplis (sans tenir compte du type de gobelet), dans un second temps (consigne 2), on attirera son attention sur le gobelet afin qu'il se rende compte que les différences de mesure proviennent des différences d'étalon.

Objectifs spécifiques

Comparer des capacités à l'aide d'un étalon commun.
Décomposer une quantité de liquide.
Manipuler des capacités.

Matériel à prévoir

Autant de carafes (ou un autre récipient) que de groupes de 2 ou 3 enfants, des gobelets de type A et de type B (gobelets A + B = le nombre d'enfants), un seau ou une bassine par équipe de trois enfants.

Déroulement

Préparation

- Introduire en ses propres termes le sujet de la situation **sans la dévoiler :** partager une carafe de grenadine.
- Demander aux enfants s'ils ont déjà vécu l'expérience d'un partage inégal ou de partager quelque chose et de ne pas en avoir assez pour tous – expression libre – partage des sentiments engendrés par la situation.
- Faire découvrir l'illustration et laisser les enfants observer la situation-problème selon les principes de la lecture dynamique.
- Demander aux enfants ce qu'ils observent et quel est le problème.
- Faire expliciter les consignes et s'assurer de la compréhension de chacun.

CONSIGNES

1. Combien de gobelets vais-je pouvoir servir ?
2. Est-ce que ce sera la même chose avec les deux gobelets différents ?

DÉPASSEMENT

3. Comment faire pour que chaque enfant ait la même quantité de liquide.

Réalisation

- Consigne 1. Exploiter la situation en petites équipes de 2 ou 3.
- Demander aux enfants d'établir un plan de travai. Qui fait quoi ?, par quoi commencer ?, comment agir ?, ...
- Recherche – hypothèses – expérimentation concrète.
- Solution et vérification.
- Mise en commun et justification. Certains enfants auront mesuré la quantité avec des gobelets A, d'autres avec des gobelets B.
- Consigne 2. Diviser les enfants en deux groupes : le premier groupe disposera d'un type de gobelet et le second groupe disposera de l'autre type de gobelet.
- Chaque équipe sera composée de plusieurs groupes de 3 personnes qui travailleront ensemble.
- Recherche – essais – tâtonnements – expérimentation concrète.
- Solution – vérification.
- Mise en commun en 'équipe – discussion – justification.
- Mise en commun collective – comparaison des résultats – discussion.

Formalisation

- Discuter de la stratégie mise au point pour vérifier ses impressions. Comptage du nombre de gobelets, remplissage, ...
- Discuter de l'importance d'avoir un étalon commun pour comparer des mesures.

Dépassement

Pour les enfants ayant résolu rapidement le problème (ou pour qui la situation ne pose pas problème), proposer de résoudre la consigne 3.

Piste d'interdisciplinarité

Partager un apéritif tous ensemble .

Exercices

Banque d'exercices

A. Exercices « matière »
G4 p. 100 n° 10 à 12

G4.4

GRANDEURS

Palier 4 Les unités de mesure, de durée, de longueur, de masse et de capacité (litre, kilo, mètre, heure et demi-heure, jour, semaine)

Situation-Problème 4 ***Un litre***

Structuration	**Représentation**	Mise en œuvre	Intégration	Évaluation

Description

Questions illustrées.
Une personne peut-elle boire 1 litre par jour ?
Un oiseau peut-il boire 1 litre par jour ?
Un poisson rouge peut-il nager dans 1 litre d'eau ?
Un requin peut-il nager dans 1 litre d'eau ?
Peux-tu prendre ton bain dans 1 litre d'eau ?

Caractéristiques de la situation

Voici la présentation de l'unité de référence conventionnelle : le litre.
La situation a pour objectif de donner aux enfants une image mentale, des points de repère de la quantité que représente 1 litre.
Il sera nécessaire que l'enfant puisse avoir la quantité représentée concrètement devant lui : prendre de préférence un récipient qui indique sa contenance. Il sera également utile de lui montrer un aquarium afin qu'il puisse verser le litre et observer ; pour le bain, un lavabo devrait suffire à ce que l'enfant réalise ce que représente cette quantité.

📖 Tome 2. Pages 147-148.

Objectifs spécifiques

Associer l'unité de mesure conventionnelle à une image concrète.
Reconnaître approximativement l'unité conventionnelle.

Matériel à prévoir

Prévoir un récipient de 1 litre par équipe de 2 ou 3 enfants.
Prévoir un aquarium, un document sur les requins spécifiant leur taille.

Déroulement

Préparation

- Introduire en ses propres termes le sujet de la situation **sans la dévoiler :** un litre.
- Poser aux enfants des questions du type de la situation : quand il pleut pendant une heure, tombe-t-il plus ou moins que 1 litre ? Comment le savoir ?

- Évoquer ensemble des stratégies pour évaluer des quantités de liquide.
- Faire découvrir l'illustration et laisser les enfants observer la situation-problème selon les principes de la lecture dynamique.
- Demander aux enfants ce qu'ils observent et quel est le problème.
- Faire expliciter les consignes et s'assurer de la compréhension de chacun.

CONSIGNES

1. Une personne peut-elle boire 1 litre par jour ?
2. Un oiseau peut-il boire 1 litre. par jour ?
3. Un poisson rouge peut-il nager dans 1 litre d'eau ?
4. Un requin peut-il nager dans 1 litre d'eau ?
5. Peux-tu prendre ton bain dans 1 litre d'eau ?

DÉPASSEMENT

6. Combien de litres d'eau contient un lavabo (ou un seau, si la classe ne possède pas de lavabo) ?

Réalisation

- Exploiter la situation en petites équipes de 2 ou 3.
- Faire établir par les enfants un plan d'action.
- Consignes 1 à 5 : recherche – hypothèses – essais concrets.
- Solution et vérification.
- Mise en commun et justification.

Formalisation

- Faire une synthèse sur le litre, ce qu'il représente concrètement.

Dépassement

Pour les enfants ayant résolu rapidement le problème (ou pour qui la situation ne pose pas problème), proposer de résoudre la consigne 6.

Piste d'interdisciplinarité

Recherche : quelle quantité de liquide devons-nous boire par jour pour rester en bonne santé ?
Météo : recueillir l'eau de pluie pendant une semaine dans des bouteilles de 1 litre et comparer.

Exercices

Banque d'exercices

A. Exercices « matière »

G4 p. 101 n° 13 à 14

G4.5

GRANDEURS

Palier 4 Les unités de mesure, de durée, de longueur, de masse et de capacité (litre, kilo, mètre, heure et demi-heure, jour, semaine)

Situation-Problème 5 ***Ne bois pas tout !***

Structuration	Représentation	**Mise en œuvre**	Intégration	Évaluation

Description

Tableau à double entrée.
Différents récipients : une canette, une gourde, un seau, un lavabo et un biberon.
3 colonnes : < 1 l, 1 l, > 1 l
Complète le tableau ci-dessus.

GRANDEURS 4
Situation-Problème 5
G4.5

Ne bois pas tout!

	<1 litre	1 litre	>1 litre

Complète le tableau ci-dessus.

Cracks en maths 1
61

Caractéristiques de la situation

La situation demande à l'enfant de comparer différents objets à l'étalon conventionnel : le litre.
A cet âge, on n'exigera pas une mesure plus précise, cela viendra plus tard, avec l'utilisation des récipients gradués et l'ensemble des unités de capacité.

Objectifs spécifiques

Comparer et classer des capacités en fonction de l'unité conventionnelle.
Evaluer des contenants.

Matériel à prévoir

Prévoir les 5 récipients : une canette, une gourde, un biberon, un seau et un lavabo, si possible par équipe (non nécessaire pour le lavabo !).
Prévoir aussi un récipient de 1 litre par équipe.

Déroulement

Préparation

- Introduire en ses propres termes le sujet de la situation **sans la dévoiler :** évaluer le contenu de récipients.
- Demander aux enfants de trouver différentes situations dans lesquelles on a besoin de connaître la capacité d'un récipient : lorsqu'il faut diluer du sirop concentré, du savon dans un seau d'eau, ...
- Faire découvrir l'illustration et laisser les enfants observer la situation-problème selon les principes de la lecture dynamique.
- Demander aux enfants ce qu'ils observent et quel est le problème.
- Faire expliciter les consignes et s'assurer de la compréhension de chacun.

CONSIGNES

1. Complète le tableau.

DÉPASSEMENT

2. Compare chaque récipient au litre. Pour chaque récipient, détermine combien il en faut pour composer 1 litre ou combien de litres il contient.

Réalisation

- Consigne 1. Exploiter la situation en petites équipes de 2 ou 3.
- Demander aux enfants d'établir un plan de travail. Qui fait quoi, essayer de varier les tâches de chacun pour chaque objet.
- Les enfants estiment les différentes capacités de manière individuelle et discutent entre eux de leurs estimations.
- Les enfants vérifient leurs estimations grâce au transvasement, calcul des différentes capacités (<, >, 1 l)
- Discussion à propos des différences entre estimation et mesure. D'où viennent les différences ?
- Mise en commun collective – vérification – discussion.

Formalisation

- Compléter la synthèse sur le litre.
- Prendre conscience de la facilité et de l'utilité des unités conventionnelles.

Dépassement

Pour les enfants ayant résolu rapidement le problème (ou pour qui la situation ne pose pas problème), proposer de résoudre la consigne 2. Éventuellement, ajouter une colonne supplémentaire dans le tableau.

Exercices

Banque d'exercices

A. Exercices « matière »

G4 p. 102 n° 15 à 17

G4.6

GRANDEURS

Palier 4 Les unités de mesure, de durée, de longueur, de masse et de capacité (litre, kilo, mètre, heure et demi-heure, jour, semaine)

Situation-Problème 6 **Attention !**

Structuration	Représentation	Mise en œuvre	**Intégration**	Évaluation

Description

Que se passera-t-il si je verse 1 litre d'eau dans une canette ?
Et si je verse cette quantité dans un seau ?
Dessine les deux situations.

Caractéristiques de la situation

Cette situation vise à faire une forme de synthèse des apprentissages concernant les mesures de capacité. L'unité de référence, le litre, y occupe une place centrale en servant de base de comparaison. La notion de mesure par transvasement y est aussi abordée, les représentations concrètes des quantités ne sont pas oubliées et enfin, la relativité des grandeurs est évoquée par le biais de la comparaison de ce que représente une même quantité dans deux récipients très différents.
Les résultats des différents transvasements sont à dessiner sur une autre feuille.

Objectifs spécifiques

Comparer des contenants.
Se représenter concrètement l'unité conventionnelle.
Mesurer des contenants.

Matériel à prévoir

Dans un premier temps, laisser les enfants réfléchir sans matériel concret.
Pour la deuxième partie, prévoir un entonnoir, une canette, un seau et un récipient de 1 litre par équipe.

Déroulement

Préparation

- Introduire en ses propres termes le sujet de la situation **sans la dévoiler :** transvaser d'un récipient dans un autre.
- Demander aux enfants de trouver différentes situations dans lesquelles on a besoin de transvaser d'un récipient vers un autre, quelles circonstances, quels résultats, ...

- Faire découvrir l'illustration et laisser les enfants observer la situation-problème selon les principes de la lecture dynamique.
- Demander aux enfants ce qu'ils observent et quel est le problème.
- Faire expliciter les consignes et s'assurer de la compréhension de chacun.

CONSIGNES

1. Que se passera-t-il si je verse 1 litre d'eau dans une canette ?
   Dessine la situation et son résultat.
2. Et si je verse cette quantité dans un seau ?
   Dessine la situation et son résultat.

DÉPASSEMENT

3. Trouve trois transvasements possibles et trois autres transvasements impossibles – dessine-les.

Réalisation

- Consigne 1 et 2. Exploiter la situation en petites équipes de 2 ou 3.
- Demander aux enfants d'établir un plan de travail : qui fait quoi, essayer de varier les tâches de chacun pour chaque objet.
- Recherche – hypothèses – tâtonnements sans matériel concret.
- Solution – vérification avec matériel concret – représentation dessinée.
- Mise en commun collective – justifications – discussion.

Formalisation

- Prendre conscience de la clarté et de l'économie d'une représentation graphique par rapport à une justification verbale (les résultats ont été dessinés).

Dépassement

Pour les enfants ayant résolu rapidement le problème (ou pour qui la situation ne pose pas problème), proposer de résoudre la consigne 3.

Piste d'interdisciplinarité

Quand est-on amené à utiliser un entonnoir ? Qui utilise un entonnoir ?

Exercices

Banque d'exercices

A. Exercices « matière »

G4	p. 103	n° 18 à 20

ESPACE

Compétence d'intégration

Résoudre des situations-problèmes mettant en œuvre une localisation dans l'espace.

ESPACE

Palier 1 L'espace qui m'entoure

Situation-Problème 1 ***Jeu de Kim***

Structuration	Représentation	Mise en œuvre	Intégration	Évaluation

Description

Dessin représentant une table avec différents objets se situant dessus, derrière, devant, à côté, ...
Qu'y a-t-il sur la table, sous la table, à côté de l'armoire, devant la chaise, derrière la table ?

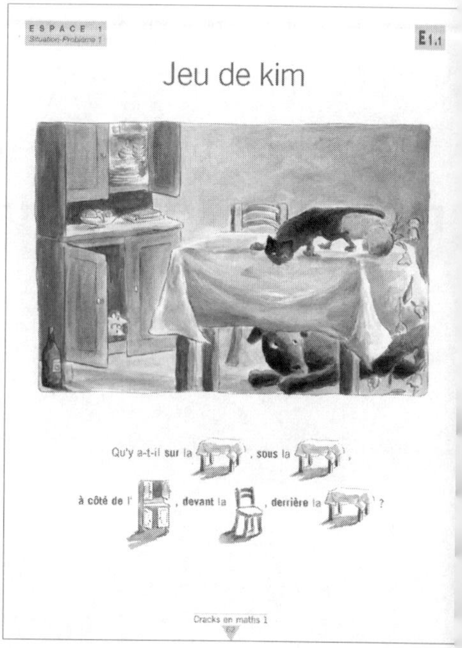

Caractéristiques de la situation

Cette situation contient une double problématique puisqu'il s'agit en même temps d'un exercice de mémoire et de compréhension du vocabulaire des relations spatiales. De plus, les notions de « devant » et « derrière » sont employées par rapport à l'objet et non par rapport à l'enfant. Il s'agit ici d'un exercice de décentration.

Au niveau de la structuration de l'espace, on peut distinguer trois grandes étapes dans l'évolution de l'enfant entre 4 et 11 ans : dans un premier temps, l'enfant conquiert **l'espace topologique** ; il apprend à se positionner et à positionner les objets. Le premier lieu d'exploration est donc le corps lui-même pour apprendre à le connaître d'une part et s'en servir comme point de repère d'autre part.
Dans un deuxième temps, l'enfant découvre **l'espace géométrique** ; il pénètre dans le monde des formes. Dans un troisième temps, l'enfant apprend à maîtriser **l'espace métrique** ; il pénètre dans le monde des grandeurs et des mesures de celles-ci. Nous nous trouvons ici dans le premier espace où il s'agira d'amener l'enfant à se repérer dans son environnement.

📖 Tome 2. Pages 14-17[1].

Objectifs spécifiques

Situer des objets par rapport aux autres objets.
Employer les termes devant, derrière, à côté de, en-dessous, au-dessus pour décrire la situation des objets.

Matériel à prévoir

Prévoir de résoudre la situation concrètement et disposer de différents objets à placer sur, sous, ... une table.

---

1 Pour rappel, le sigle 📖 fait référence à l'ouvrage de ROEGIERS, X. (2000), *Les mathématiques à l'école primaire*, Louvain-la-Neuve, De Boeck, Tomes 1 et 2.

Déroulement

Préparation

- Introduire en ses propres termes le sujet de la situation **sans la dévoiler :** connaissez-vous le jeu de kim ? Règles du jeu : on présente à l'observation du joueur pendant un temps donné, une série d'objets dans un espace déterminé. Puis, on cache ces objets et le joueur doit se rappeler le plus d'objets possible.
- Demander aux enfants de faire part de leurs expériences par rapport à ce jeu.
- Jouer une partie collective.
- S'assurer de la bonne compréhension du vocabulaire des relations spatiales par un petit jeu de questions – réponses.
- Faire découvrir l'illustration et laisser les enfants observer la situation-problème selon les principes de la lecture dynamique.
- Demander aux enfants ce qu'ils observent et quel est le problème.
- Faire expliciter les consignes et s'assurer de la compréhension de chacun.

CONSIGNES

1. Qu'y a-t-il sur la table, sous la table, à côté de l'armoire, devant la chaise, derrière la table ?

DÉPASSEMENT

2. Comment s'appelle ton voisin de gauche ? (ou droite)

Réalisation

- Observation de l'illustration en petites équipes de 2 ou 3, pendant quelques secondes.
- Cacher ensuite l'illustration.
- Consigne 1. Hypothèse, recherche et proposition de solutions INDIVIDUELLES. Résolution de la consigne 1.
- Possibilité de reproduire de mémoire l'illustration observée afin d'en retrouver l'image mentale.
- Mise en commun par petites équipes : chaque enfant propose une réponse à son tour.
- Comparaison. Discussion et argumentation.

Formalisation

- Inviter les enfants à imaginer des pictogrammes représentant le vocabulaire exploité, des gestes les exprimant. (activité réalisable en groupe vertical 5-7 ans)

Dépassement

Pour les enfants ayant résolu rapidement le problème (ou pour qui la situation ne pose pas problème), proposer de résoudre la consigne 2.

Piste d'interdisciplinarité

1. Jeux. Décrire précisément la situation d'un objet et inviter l'autre joueur à trouver cet objet.
2. Décrire une situation que l'autre ne voit pas et lui demander de la dessiner.

Exercices

Banque d'exercices

A. Exercices « matière »

E1 p. 104 n° 1 à 3

E1.2 ESPACE

Palier 1 L'espace qui m'entoure

Situation-Problème 2 ***La ribambelle***

Structuration	Représentation	Mise en œuvre	Intégration	Évaluation

Description

Dessin d'une ribambelle d'enfants (en rond)
Huit enfants se donnent la main : 5 filles et 3 garçons.
Ari a une robe rose et Aziz est un garçon à la peau brune.
Retrouve le prénom de chacun.
Simon est à gauche de Aziz.
Mathilde est entre Ari et Julie.
Maria est à droite de Julie.
Céline est entre Maria et Simon.
Pierre est à gauche de Ari.
Pierre est à droite de Aziz.

Caractéristiques de la situation

La difficulté de la situation-problème réside dans le fait que les repères sont donnés par rapport aux personnages. Les personnages étant illustrés placés en rond, les repères de gauche et droite changent en fonction du personnage de référence. Pour la résolution de la situation, nous pensons que les enfants pourraient jouer la scène à 8, représentant chacun un des personnages faisant la ronde et confrontant leur position et sa description.

Objectifs spécifiques

S'orienter dans l'espace par rapport à une personne.
Orienter des objets par rapport aux autres objets afin de déterminer le nom des personnages.

Matériel à prévoir

Éventuellement, des étiquettes avec les prénoms de la situation et/ou des petits personnages Playmobils ou autres.

Déroulement

Préparation

- Introduire en ses propres termes le sujet de la situation **sans la dévoiler :** faire une ronde.
- Demander aux enfants d'exprimer leur situation propre : je suis entre X et Y, à la gauche de Y, à la droite de X, X est à ma gauche, ...
- Faire découvrir l'illustration et laisser les enfants observer la situation-problème selon les principes de la lecture dynamique.
- Demander aux enfants ce qu'ils observent et quel est le problème.
- Faire expliciter les consignes et s'assurer de la compréhension de chacun.

CONSIGNES

1. Retrouve le prénom de chacun.
   Ari a une robe rose.
   Aziz a la peau brune.
   Simon est à gauche de Aziz.
   Mathilde est entre Ari et Julie.
   Maria est à droite de Julie.
   Céline est entre Maria et Simon.
   Pierre est à gauche de Ari.
   Pierre est à droite de Aziz.

DÉPASSEMENT

2. Trace une croix bleue sur les mains, les bras, les yeux, les jambes GAUCHES des personnages et une croix rouge sur les mains, les bras, les yeux, les jambes DROITES des personnages. (Uniquement pour ce qui est visible)

Réalisation
- Observation de l'illustration.
- Hypothèse, recherche et proposition de solutions INDIVIDUELLES. Résolution de la consigne 1.
- Mise en commun par petites équipes. Chaque enfant propose une réponse à son tour.
- Possibilité de jouer la scène en équipes de 8 en prenant chacun un prénom de la situation, ou de la représenter avec des petits personnages Playmobils ou autres.
- Comparaison. Discussion et argumentation.

Formalisation
- Inviter les enfants à exprimer ce qui leur a semblé difficile dans le problème, quelles difficultés ils ont rencontrées.

Dépassement

Pour les enfants ayant résolu rapidement le problème (ou pour qui la situation ne pose pas problème), proposer de résoudre la consigne 2.

Piste d'interdisciplinarité

Jeu : décrire précisément la situation d'un objet et inviter l'autre joueur à trouver cet objet.

Exercices

Banque d'exercices

A. Exercices « matière »

E1 p. 105 nº 1 à 3
p. 106-107 nº 4 à 5

E1.3 ESPACE

Palier 1 L'espace qui m'entoure

Situation-Problème 3 **La marelle**

Structuration	Représentation	Mise en œuvre	Intégration	Évaluation

Description

Illustration d'une marelle. Différents pions de couleurs sont représentés. De plus, le lancer est représenté par une flèche. Exemple : le pion jaune est tombé en-dehors des cases, le pion vert est « sur une ligne », le pion bleu clair est à l'intérieur d'une case mais a été lancé de côté, le pion rouge est tombé sur la ligne entre deux cases, le pion bleu foncé est lancé depuis le départ et est arrivé dans une case. Il est le seul correct.
Qui a lancé correctement le pion ?

Caractéristiques de la situation

L'accent est mis ici sur la précision du lancer et de la position du pion. Ce ne sera donc pas le pion qui se trouve sur la case la plus avancée qui gagne...
Cette situation explore les notions d'intérieur, d'extérieur et de frontières d'une part, la notion de sens et de lecture de flèches d'autre part.
Une frontière est une ligne qui partage le plan en deux régions, l'une intérieure et l'autre extérieure, telles qu'on ne puisse pas passer de l'une dans l'autre sans franchir la frontière.
Dans la lecture des flèches, l'enfant devra veiller à « rentrer » dans la flèche et non à se « cogner » contre sa pointe. Nous insistons sur le fait qu'une flèche indique le sens, l'orientation de la droite mais pas sa direction.

Tome 2. Pages 17-19.

Objectifs spécifiques

Interpréter une flèche.
Prendre en compte la notion de précision, d'intérieur, d'extérieur et de frontière pour déterminer si un pion est correctement lancé ou non.

Matériel à prévoir

Éventuellement, des craies pour dessiner des marelles et jouer la situation dans la cour de récréation.

Déroulement

Préparation

- Introduire en ses propres termes le sujet de la situation **sans la dévoiler :** le jeu de marelle.

- Demander aux enfants d'exprimer leur vécu à propos de ce jeu : qui le connaît ? qui peut en expliquer les règles ?
- Faire découvrir l'illustration et laisser les enfants observer la situation-problème selon les principes de la lecture dynamique.
- Demander aux enfants ce qu'ils observent et quel est le problème.
- Faire expliciter les consignes et s'assurer de la compréhension de chacun.

> CONSIGNES
>
> 1. Qui a lancé correctement son pion ?
>
> DÉPASSEMENT
>
> 2. Quel(s) pion(s) se trouve(nt) à l'intérieur du jeu ? Quel(s) pion(s) se trouve(nt) à l'extérieur du jeu ? Quel(s) pion(s) se trouve(nt) sur une frontière du jeu ?

Réalisation

- Consigne 1. Répartition des enfants en petites équipes de 2 ou 3.
- Observation de l'illustration.
- Hypothèse, recherche et proposition de solutions. Résolution de la consigne 1.
- Mise en commun. Comparaison. Discussion et argumentation.

Formalisation

- Demander aux enfants de définir avec leurs mots ce qu'est une région intérieure, extérieure et une frontière. Quels sont les lancers corrects et incorrects ?
- Leur demander de réfléchir à la question suivante : peut-on être à la fois à l'extérieur et à l'intérieur de quelque chose ?

Dépassement

Pour les enfants ayant résolu rapidement le problème (ou pour qui la situation ne pose pas problème), proposer de résoudre la consigne 2.

Piste d'interdisciplinarité

Jouer à la marelle tous ensemble et apprendre aux enfants de maternelle à jouer à la marelle.

Exercices

Banque d'exercices

A. Exercices « matière »

E1	p. 109	n° 1
	p. 110-111	n° 2 à 9
	p. 112-113	n° 1 à 2

E1.4 ESPACE

Palier 1 L'espace qui m'entoure

Situation-Problème 4 ***Circuit à la gym***

Structuration | **Représentation** | Mise en œuvre | Intégration | Évaluation

Description

Salle de gymnastique aménagée comme un labyrinthe, à différents endroits, des exercices sont prévus. On peut suivre le circuit et donc exécuter les exercices dans plusieurs ordres différents. Exemple d'exercices : espalier à escalader, cerceaux, balles, tapis, ...
Décris tous les différents circuits possibles.

Caractéristiques de la situation

L'enfant prendra conscience qu'il peut y avoir plusieurs possibilités pour répondre à la consigne, que tous ont le même point de départ et le même point d'arrivée, qu'il est possible de décrire un trajet à l'aide de flèches, qu'il est important de se représenter un trajet « dans sa tête », et même de l'expérimenter, avant de le tracer sur papier. Les parcours fléchés, se déplacer dans un sens donné, sont une première étape pour un repérage dans le plan.

Objectifs spécifiques

S'orienter dans l'espace.
Tracer des flèches.
Représenter un parcours par des flèches.

Matériel à prévoir

Prévoir la possibilité de se rendre à la salle de gymnastique et d'utiliser les différents objets de la situation.
Papier ou prévoir deux illustrations de la situation afin de pouvoir tracer les différents parcours possibles.

Déroulement

Préparation

- Introduire en ses propres termes le sujet de la situation **sans la dévoiler :** un circuit à la gymnastique.
- Demander aux enfants d'exprimer leur vécu à propos de la situation. Ont-ils déjà fait des « circuits » à la gymnastique ? En quoi cela consiste-t-il ? Comment s'y prend-on ?
- Faire découvrir l'illustration et laisser les enfants observer la situation-problème selon les principes de la lecture dynamique.
- Demander aux enfants ce qu'ils observent et quel est le problème.
- Faire expliciter les consignes et s'assurer de la compréhension de chacun.

CONSIGNES

1. Décris tous les différents circuits possibles.

DÉPASSEMENT

2. Invente un circuit, représente-le et réalise-le.

Réalisation

- Consigne 1. Répartition des enfants en petites équipes de 2 ou 3.
- Observation de l'illustration.
- Hypothèse, recherche et proposition de solutions. Résolution de la consigne 1.
- Proposer de décrire les circuits imaginés à l'aide de flèches.
- Mise en commun. Comparaison. Discussion et argumentation.
- Mise en œuvre de différents circuits imaginés : entreprendre un circuit à la gymnastique et le réaliser concrètement.

Formalisation

- Demander aux enfants de déterminer des situations dans lesquelles ils seraient susceptibles d'utiliser leurs découvertes.
- Formaliser la notion de flèche et de son sens.

Dépassement

- Pour les enfants ayant résolu rapidement le problème (ou pour qui la situation ne pose pas problème), proposer de résoudre la consigne 2.
- Passer avec son doigt sur un dessin sans passer deux fois sur la même ligne, dessiner le dessin, le refaire de mémoire. Exemple :

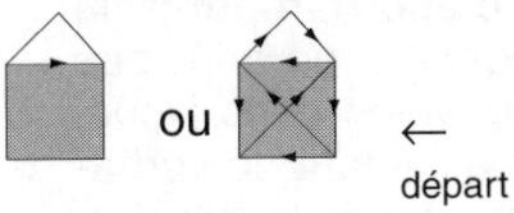

Piste d'interdisciplinarité

Jeu à deux ou en équipes. Faire décrire des trajets sur papier et faire deviner où cela mènera. L'un décrit à l'aide de dessins et de flèches comment se rendre à la cour de récréation, les autres, en observant le plan, devinent.

Exercices

Banque d'exercices

A. Exercices « matière »

E1 p. 114 n° 3 à 5

E1.5

ESPACE

Palier 1 L'espace qui m'entoure

Situation-Problème 5 ***Le plan de l'école***

Structuration	Représentation	**Mise en œuvre**	Intégration	Évaluation

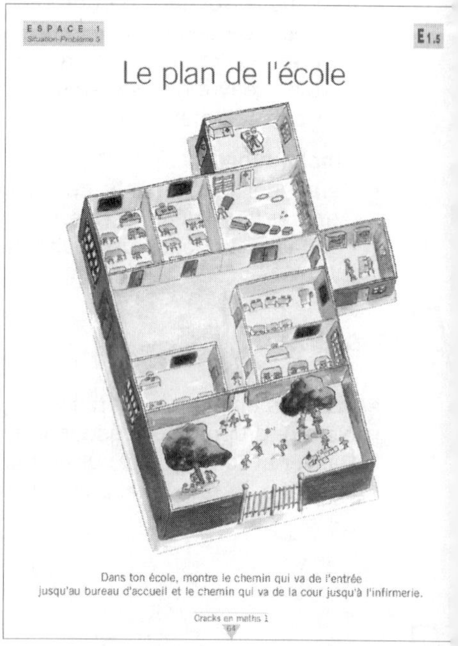

Description

Labyrinthe dans lequel l'enfant aura à tracer le chemin permettant de se rendre de l'entrée de l'école au bureau d'accueil et le chemin de la cour de récréation à l'infirmerie. Plusieurs chemins sont sans issue.

Dans ton école, montre le chemin qui va de l'entrée au bureau d'accueil et le chemin qui va de la cour de récréation à l'infirmerie.

Caractéristiques de la situation

Il s'agit ici de chercher un parcours permettant de rejoindre deux points d'un labyrinthe. Repérer et tracer un chemin conduisant d'un point à un autre. Pour ce faire, l'enfant devra d'abord repérer le chemin des yeux, ce qui lui permettra de faire des retours en arrière, d'anticiper les voies sans issue. On pourra également demander à l'enfant de verbaliser son chemin afin de lui faire utiliser le vocabulaire géométrique adéquat : tourner à gauche, à droite, ...

Ensuite, on pourra proposer aux enfants de vivre cette situation dans la réalité : conduire quelqu'un de l'entrée au bureau d'accueil, expliquer comment se rendre à l'infirmerie à partir de la cour de récréation (Si beaucoup d'écoles ne possèdent plus de local « infirmerie », toutes possèdent un endroit où se rendre en cas de nécessité).

Nous signalons qu'il existe un procédé extrêmement simple permettant de s'y retrouver dans un labyrinthe : il suffit de considérer le labyrinthe comme un ensemble de régions limitées par des frontières ; le point d'arrivée se situant nécessairement dans la même région que le point de départ, il suffit de longer une frontière pour arriver avec certitude au but.

Tome 2. Page 18.

Objectifs spécifiques

S'orienter dans l'espace.

Tracer un parcours à travers un labyrinthe ; en trouver l'issue.

Matériel à prévoir

Éventuellement prévoir l'illustration en double exemplaire afin de pouvoir s'exercer.

Déroulement

Préparation

- Introduire en ses propres termes le sujet de la situation **sans la dévoiler :** un labyrinthe.
- Demander aux enfants d'exprimer leur vécu à propos de la situation. Ont-ils déjà fait des « labyrinthes », en quoi cela consiste-t-il ? quelle est la difficulté ? comment en sort-on ?
- Faire découvrir l'illustration et laisser les enfants observer la situation-problème selon les principes de la lecture dynamique.
- Demander aux enfants ce qu'ils observent et quel est le problème.
- Faire expliciter les consignes et s'assurer de la compréhension de chacun.

<u>CONSIGNES</u>

1. Trace en bleu le chemin permettant de se rendre de l'entrée de l'école au bureau d'accueil.
2. Trace en rouge le chemin permettant de se rendre de la cour de récréation à l'infirmerie.

DÉPASSEMENT

3. Réalise un plan permettant de conduire un visiteur de l'entrée de ton école au bureau d'accueil et de la cour de récréation à l'infirmerie.

Réalisation

- Consigne 1. Réalisation individuelle.
- Observation de l'illustration.
- Repérage visuel, recherche et tracé d'un chemin. Résolution de la consigne 1.
- Proposer de décrire oralement le chemin pris.
- Mise en commun. Comparaison. Discussion et argumentation.
- Consigne 2. Repérage visuel, recherche et tracé d'un chemin. Résolution de la consigne 2.
- Proposer de décrire oralement le chemin pris.
- Mise en commun. Comparaison. Discussion et argumentation.

Formalisation

- Demander aux enfants de déterminer comment ils s'y sont pris pour résoudre le problème, quelle stratégie ils ont développée : anticipation visuelle.

Dépassement

Pour les enfants ayant résolu rapidement le problème (ou pour qui la situation ne pose pas problème), proposer de résoudre la consigne 3.

Piste d'interdisciplinarité

Possibilité de jouer à la chasse au trésor à 2 équipes. L'une cache un « trésor », l'autre le cherche. L'équipe ayant caché le trésor rédige un petit plan devant permettre de trouver ledit trésor. L'autre équipe lit et suit le plan.

Exercices

Banque d'exercices

A. Exercices « matière »

E1 p. 115 n° 6 à 8

E1.6 ESPACE

Palier 1 L'espace qui m'entoure

Situation-Problème 6 **Gauche-Droite**

Structuration	Représentation	Mise en œuvre	**Intégration**	Évaluation

Description

Placez-vous deux par deux, face à face, levez votre main droite, que remarquez-vous ?
Cachez un objet dans la classe et décrivez avec des mots l'endroit où vous l'avez caché.

Caractéristiques de la situation

Faire le point, ce n'est pas répondre à des questions fermées. Au contraire, à travers cette situation, nous essayons que l'élève se pose des questions. Voilà pourquoi nous formulons des questions ouvertes. Dans ce genre de démarche, il est très important que l'enfant sente qu'il peut s'exprimer librement, qu'il ne sera la cible d'aucun jugement. La première situation-problème est certes difficile pour des enfants de 6 ans, néanmoins elle pourra leur donner l'occasion de se décentrer, de leur faire prendre conscience que tout est une question de point de vue : si nous sommes face à face, ma main gauche est du côté de ta main droite...
En ce qui concerne la deuxième situation, il conviendra que le maître vérifie la précision et l'exactitude des termes utilisés afin de se rendre compte de l'acquisition du vocabulaire spécifique : pour ce faire, soit chaque équipe « joue » face aux autres à son tour, soit chacun décrit le chemin à suivre pour trouver le trésor (à gauche de la bibliothèque, entre deux livres, sous la 3e planche, ...)

Objectifs spécifiques

S'orienter dans l'espace.
Dépasser son propre point de vue.
Décrire un endroit à l'aide du vocabulaire topologique (au sens large) adéquat.

Matériel à prévoir

Éventuellement, un miroir.

Déroulement

Préparation

- Introduire en ses propres termes le sujet de la situation **sans la dévoiler** : la gauche, la droite sont-elles toujours du même côté ?
- Faire découvrir l'illustration et laisser les enfants observer la situation-problème selon les principes de la lecture dynamique.

- Demander aux enfants ce qu'ils observent et quel est le problème.
- Faire expliciter les consignes et s'assurer de la compréhension de chacun.

CONSIGNES

1. Placez-vous deux par deux, face à face, levez chacun votre main droite, que remarquez-vous ?
2. Cache un objet dans la classe et décris l'endroit où il se trouve afin que ton copain puisse le trouver.

DÉPASSEMENT

3. Jeu du miroir, à deux. L'on se place face à face, l'un est le miroir de l'autre. Le premier fait un mouvement, l'autre le copie, « en miroir ».

Réalisation
- Consigne 1. Répartition des enfants en petites équipes de 3 ou 4.
- Prise de conscience du problème. On observe l'illustration et on se pose des questions.
- Recherche. On formule des hypothèses, on vérifie ses hypothèses.
- Découverte de « réponses ».
- Mise en commun.Communication. Discussion.
- Consigne 2. Jeu où chacun peut expérimenter les deux rôles : celui qui cache et celui qui cherche.

Formalisation
- Inviter les enfants à dire ce qu'ils ont compris. La notion de gauche et de droite dépend du point de vue.

Dépassement

Pour les enfants ayant résolu rapidement le problème (ou pour qui la situation ne pose pas problème), proposer de résoudre la consigne 3.

Piste d'interdisciplinarité

Découverte du miroir : comment est-il constitué ? à quoi peut-il servir ? quels usages en fait-on ?

Exercices

Banque d'exercices

A. Exercices « matière »
E1 p. 108 n° 6 à 8

E2.1 ESPACE

Palier 2 Les objets à 3 dimensions

Situation-Problème 1 ***Un peu d'imagination***

Structuration	Représentation	Mise en œuvre	Intégration	Évaluation

Description

Illustration des principaux solides : cône, cube, prisme droit, cylindre, boule.
Transforme ces solides pour qu'ils ressemblent à des objets que tu connais.

Caractéristiques de la situation

La situation demande d'associer des solides classiques à des objets de l'environnement des enfants afin qu'ils leur apparaissent plus familiers. Par ce biais, les enfants vont comparer les solides et même les décrire. **Il ne faut pas vouloir employer la terminologie précise**, mais on peut attirer l'attention des enfants sur des caractéristiques comme toutes les faces planes, forme qui roule, ...
Insistons sur le fait que chacun des objets matériels de notre réalité physique est un solide. Ce que nous pouvons voir, toucher, n'est qu'une partie de ce solide : sa frontière. Le solide est la première figure de l'espace à laquelle est confronté l'enfant. Il est donc naturel qu'il serve de point de départ à l'approche de l'espace et à la découverte de figures plus abstraites.

📖 Tome 2. Page 27.

Objectifs spécifiques

Observer des solides géométriques.
Associer des solides géométriques à des objets de l'environnement familier.

Matériel à prévoir

Prévoir une représentation des solides géométriques illustrés afin de se rendre compte, de visu, des 3 dimensions, des caractéristiques de ces solides.

Déroulement

Préparation

- Introduire en ses propres termes le sujet de la situation **sans la dévoiler :** transformer des formes.
- Demander aux enfants de s'ils ont déjà joué au jeu qui consiste à reconnaître des formes familières dans le tracé d'un nuage, ou de transformer une forme quelconque en une forme connue.

- Faire découvrir l'illustration et laisser les enfants observer la situation-problème selon les principes de la lecture dynamique.
- Demander aux enfants ce qu'ils observent et quel est le problème.
- Faire expliciter les consignes et s'assurer de la compréhension de chacun.

> CONSIGNES
>
> 1. Transforme ces solides pour qu'ils ressemblent à des objets que tu connais.
>
> DÉPASSEMENT
>
> 2. À l'aide d'une boîte en carton vide (savon, dentifrice, camembert, ...), réalise un objet de ton choix.

Réalisation

- Consigne 1. Exploitation individuelle dans un premier temps afin que chacun fasse un effort d'imagination.
- Mise en commun de la recherche par petites équipes de 2 ou 3.
- Discussion sur la précision de la comparaison entre la forme du solide et la forme de l'objet.
- Choix des comparaisons les plus précises.
- Mise en commun collective. Discussion et justification.
- On peut également jouer la situation collectivement. On rassemble un maximum de solides, chacun en choisit un à son tour et mime ce à quoi ce solide lui fait penser.

Formalisation

- Prendre conscience de l'importance de se faire une image mentale des principaux solides afin d'apprendre à les connaître et de pouvoir se les représenter mentalement quand on ne les a pas sous la main ou sous les yeux.
- Prendre conscience de la richesse de la variété interpersonnelle des images évoquées par les solides.

Dépassement

Pour les enfants ayant résolu rapidement le problème (ou pour qui la situation ne pose pas problème), proposer de résoudre la consigne 2.

Piste d'interdisciplinarité

Bricolage – Créativité : réaliser les objets imaginés à l'aide de boîtes de récupération.

Exercices

Banque d'exercices

A. Exercices « matière »

E1 p. 116 n° 1

ESPACE

Palier 2 Les objets à 3 dimensions

Situation-Problème 2 ***Des solides partout***

Structuration | Représentation | Mise en œuvre | Intégration | Évaluation

Description

Dessin simplifié d'une maison (prisme droit et pyramide).
Dessin simplifié d'un arbre (cylindre et sphère).
Dessin simplifié d'un camion (prisme, cube et cylindres).
Dessin simplifié d'un sapin (cône et cylindre).
Tableau à double entrée avec les principaux solides et les dessins simplifiés ; l'enfant le remplira en y mettant des croix.
Reconnais-tu les différents solides qui forment ces objets ?

Caractéristiques de la situation

La situation vise à reconnaître et retrouver la forme des solides classiques dans les objets de notre environnement. Situation inverse de la situation précédente « Un peu d'imagination ». L'enfant se rendra ainsi compte que ces solides nous entourent et ne sont pas une vue abstraite de l'esprit. Il est indispensable que les enfants puissent disposer de solides réels afin de pouvoir les manipuler concrètement. En ce qui concerne la terminologie à employer, il ne nous semble pas opportun d'introduire l'usage des termes précis à cet âge, il nous semble par contre intéressant de laisser une grande latitude aux enfants qui, dès lors, caractériseront les différents solides en fonction de leurs critères personnels.
Avec l'étude des solides, l'enfant pénètre dans l'espace à trois dimensions. Une des caractéristiques du monde à trois dimensions est d'introduire la notion de « partie cachée » : il n'est plus possible d'un seul coup d'œil de cerner l'ensemble de la figure, comme c'est le cas pour les figures planes.

Tome 2. Pages 97-99.

Objectifs spécifiques

Observer des solides géométriques.
Reconnaître des solides géométriques dans des objets réels et dessinés.

Matériel à prévoir

Prévoir des solides géométriques, des blocs de bois, des boîtes diverses afin que les enfants puissent les manipuler.
Éventuellement, prévoir le tableau à double entrée en double exemplaire afin de pouvoir le compléter au brouillon pendant la recherche.

Déroulement

Préparation

- Introduire en ses propres termes le sujet de la situation **sans la dévoiler :** reconnaître des formes dans un dessin.
- Demander aux enfants s'ils ont déjà joué avec des blocs de construction, s'ils ont déjà représenté des formes concrètes, lesquelles, ...
- Faire découvrir l'illustration et laisser les enfants observer la situation-problème selon les principes de la lecture dynamique.
- Demander aux enfants ce qu'ils observent et quel est le problème.
- Faire expliciter les consignes et s'assurer de la compréhension de chacun en la faisant re-formuler par différents enfants.

CONSIGNES

1. Reconnais-tu les différents solides qui forment ces objets ?

DÉPASSEMENT

2. À l'aide des solides, forme d'autres objets.

Réalisation

- Consigne 1. Exploiter la situation en petites équipes de 2 ou 3.
- Encourager le recours au matériel concret pour trouver la solution ou la vérifier.
- Recherche – Hypothèses – Essais – Tâtonnements.
- Solution – Vérification.
- Mise en commun collective – Discussion – Justification.

Formalisation

- Prendre conscience de la notion de perspective lors de la représentation graphique d'objets à 3 dimensions. Prendre une construction de référence, par exemple le camion. Que voit-on du haut, de devant, de côté, ... ?
- Prendre conscience de certaines caractéristiques des solides : nombre de faces, formes des faces, ...

Dépassement

Pour les enfants ayant résolu rapidement le problème (ou pour qui la situation ne pose pas problème), proposer de résoudre la consigne 2.

Piste d'interdisciplinarité

Créer un livre d'image qui reprendrait chaque solide géometrique sur une page et ses « images » dans notre quotidien sur l'autre page en vis-à-vis : pyramide d'Egypte, building moderne, ...

E2.3

ESPACE

Palier 2 Les objets à 3 dimensions

Situation-Problème 3 ***Semblables et différents***

Structuration	Représentation	Mise en œuvre	Intégration	Évaluation

Description

Solides illustrés deux à deux
Prisme droit et cube (boîte et dé).
Cylindre et cône (rouleau de papier et chapeau).
Pyramide et cône (portion de fromage fondu et cornet de glace).
Sphère et cylindre (balle et tirelire.)
Observe les solides et colorie dans la même couleur les mêmes formes.
Trouve les ressemblances et les différences.

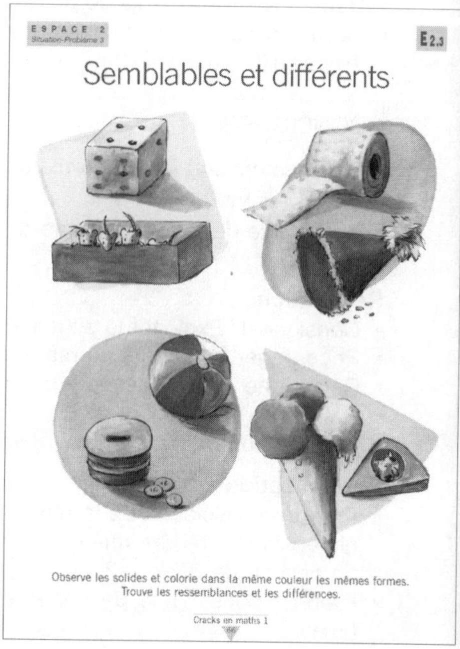

Caractéristiques de la situation

La situation permettra aux enfants de se rendre compte que les formes géométriques (2 dimensions) font partie intégrante des solides et, par le fait même, des objets de notre environnement. Ils vont aussi se rendre compte qu'on pourrait classer les solides en fonction de ce critère « forme ».
L'étude des solides est plus complexe que celle des surfaces planes car la troisième dimension a un effet multiplicateur sur la variété des figures qu'on peut construire. Une première approche possible est un classement selon des critères très généraux dans un premier temps, comme le feraient des enfants confrontés à des objets courants : les solides creux, les solides troués, ceux qui ne sont ni troués, ni creux, les solides qui ont une ou des faces arrondies, les solides pointus, …

Objectifs spécifiques

Classer des objets en fonction du critère « forme ».
Reconnaître les formes géométriques de base.

Matériel à prévoir

Prévoir des objets concrets de forme comparable pour permettre aux enfants de manipuler les objets.
Prévoir l'illustration en double exemplaire N/B pour permettre à l'enfant de la colorier en fonction des critères « forme ».

Déroulement

Préparation

- Introduire en ses propres termes le sujet de la situation **sans la dévoiler :** retrouver les différences et les ressemblances entre deux objets.

- Demander aux enfants d'exprimer leur vécu à propos de ce jeu. Qui le connaît ? Qui peut en expliquer les règles ?
- Faire découvrir l'illustration et laisser les enfants observer la situation-problème selon les principes de la lecture dynamique.
- Demander aux enfants ce qu'ils observent et quel est le problème.
- Faire expliciter les consignes et s'assurer de la compréhension de chacun.

CONSIGNES

1. Colorie de la même couleur les mêmes formes
2. Trouve les ressemblances et les différences.

DÉPASSEMENT

3. Trouve un objet illustrant chaque forme reconnue.

Réalisation

- Consigne 1. Exploiter la situation individuellement dans un premier temps.
- Résolution de la consigne 1.
- Consigne 2. Mise en commun en petites équipes de 2 ou 3 – Comparaisons – Justifications.
- Recherche et résolution individuelle de la consigne 2.
- Mise en commun collective – Comparaison – Discussion – Justification.

Formalisation

- Essai de classement des solides en fonction du critère « forme géométrique de base ».

Dépassement

Pour les enfants ayant résolu rapidement le problème (ou pour qui la situation ne pose pas problème), proposer de résoudre la consigne 3.

Piste d'interdisciplinarité

Rassembler un maximum de boîtes de toutes sortes et les classer selon un maximum de critères.

E2.4 ESPACE

Palier 2 Les objets à 3 dimensions

Situation-Problème 4 Ça passe ou ça casse…

Structuration	**Représentation**	Mise en œuvre	Intégration	Évaluation

Description

8 gros cubes.
Consignes illustrées
- construis la tour la plus haute.
- construis le mur le plus bas possible.
- construis un mur de 4 × 2 blocs.
- construis un mur de 2 × 4 blocs.
- construis un cube dont les côtés sont deux fois plus grands.(dé)

À toi de jouer avec les solides.

Caractéristiques de la situation

La situation confronte l'enfant à la construction de solides. Outre le problème de la représentation du mur de 4 × 2 et de 2 × 4, la construction du dé révélera peut-être des difficultés puisque pour représenter un cube dont les côtés sont deux fois plus grands, il faut 8 blocs... Nous ne demanderons pas aux enfants de dessiner leurs réponses, la construction concrète sera amplement suffisante.
Insistons sur le fait que toutes ces « tours » auront un même volume, une même surface, il ne s'agira donc pas de parler de « la plus grande » tour ou « la plus petite » tour.

Objectifs spécifiques

Manipuler des solides géométriques.
Construire des solides à l'aide d'autres solides.
Découvrir les rapports entre les solides.

Matériel à prévoir

Prévoir des blocs cubiques en suffisance : normalement 8 cubes par enfants.

Déroulement

Préparation

- Introduire en ses propres termes le sujet de la situation **sans la dévoiler :** construire avec des blocs.
- Demander aux enfants d'exprimer leur vécu à propos de ce jeu : qui a déjà construit des choses avec des blocs ? Quelles constructions ? , …
- Faire découvrir l'illustration et laisser les enfants observer la situation-problème selon les principes de la lecture dynamique.

- Demander aux enfants ce qu'ils observent et quel est le problème.
- Faire expliciter les consignes et s'assurer de la compréhension de chacun.

CONSIGNES

À toi de jouer avec les solides

1. Construis la tour la plus haute.
2. Construis le mur le plus petit possible.
3. Construis un mur de 4×2 blocs.
4. Construis un mur de 2×4 blocs.
5. Construis un cube dont les côtés sont deux fois plus grands que ceux du cube de départ.(dé)

DÉPASSEMENT

6. Construis un cube dont les côtés sont trois fois plus grands que ceux du cube de départ.

Réalisation

- Exploiter la situation individuellement dans un premier temps.
- Recherche – Essais – Tâtonnements à propos des consignes de 1 à 5.
- Mise en commun en petites équipes de 2 ou 3 – Comparaison des recherches.
- Solutions – Vérification.
- Mise en commun collective – Justification.

Formalisation

- Prendre conscience de la réalité concrète des 3 dimensions. Tenir compte des différents points de vue d'un solide, de l'image différente selon les angles de vue différents.

Dépassement

Pour les enfants ayant résolu rapidement le problème (ou pour qui la situation ne pose pas problème), proposer de résoudre la consigne 6.

Piste d'interdisciplinarité

Jeux de constructions : Kapla, Lego. Réaliser des « murs » différents avec le même nombre de blocs.

E2.5

ESPACE

Palier 2 Les objets à 3 dimensions

Situation-Problème 5 ***Un beau déguisement***

Structuration	Représentation	Mise en œuvre	Intégration	Évaluation

Description

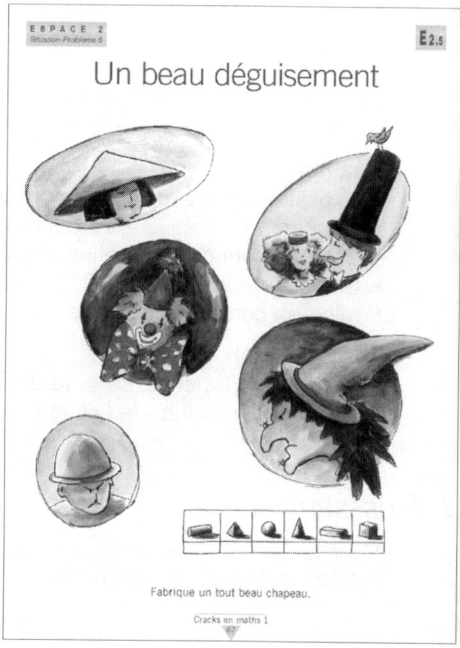

Illustration de plusieurs types de chapeaux : haut de forme, chapeau de sorcière, ...
Petit tableau reprenant les différents solides. L'enfant mettra une croix sous les solides dont il aura besoin pour la réalisation de son chapeau.
Fabrique un tout beau chapeau.

Caractéristiques de la situation

Voici une autre situation qui vise à faire construire des objets à l'aide de solides. Cette activité peut être réalisée et exploitée en groupe vertical 5-8. Ces constructions amèneront les enfants à analyser les composantes des différents solides. Les élèves doivent pour cela observer, manipuler, construire, défaire des solides, ce qui est différent de suivre un plan donné. Ils découvriront ainsi que même le carton rond du dessus du haut de forme est un solide, puisqu'il possède une épaisseur.
Il serait bien de mettre à la disposition des enfants des solides en carton voire d' en « commander » aux grands de l'école qui les réaliseront en découvrant les développements de solides.
On peut également exploiter la situation en demandant aux enfants de compléter le petit tableau à double entrée pour chaque chapeau.
Nous ne demanderons pas aux enfants de dessiner leur chapeau, seule la réalisation concrète sera demandée.

Objectifs spécifiques

Manipuler des solides géométriques.
Observer des solides géométriques.
Construire des solides à partir d'autres solides.

Matériel à prévoir

Boîtes de toutes sortes.
Matériel de bricolage : ciseaux, colle, peinture, élastique, ...

Déroulement

Préparation

- Introduire en ses propres termes le sujet de la situation **sans la dévoiler :** construire un chapeau.
- Demander aux enfants quelles sortes de chapeaux ils connaissent.

- Faire découvrir l'illustration et laisser les enfants observer la situation-problème selon les principes de la lecture dynamique.
- Demander aux enfants ce qu'ils observent et quel est le problème.
- Faire expliciter les consignes et s'assurer de la compréhension de chacun.

CONSIGNES

1. Imagine et réalise un tout beau chapeau.

DÉPASSEMENT

2. Complète le tableau en indiquant quelles formes tu as utilisées.

Réalisation

- Consigne 1. Exploiter la situation individuellement.
- Recherche – Essais – Tâtonnements à propos de la consigne 1.
- Mise en commun en petites équipes de 2 ou 3 – Présentation des chapeaux.
- Mise en commun collective et exposition.

Formalisation

- Établir une synthèse des caractéristiques observées des différents solides.

Dépassement

Pour les enfants ayant résolu rapidement le problème (ou pour qui la situation ne pose pas problème), proposer de résoudre la consigne 2 et/ou d'aider les enfants qui en ont besoin.

Piste d'interdisciplinarité

Et si on se déguisait ? Fabriquons chacun un déguisement et organisons un défilé !

E2.6 ESPACE

Palier 2 Les objets à 3 dimensions

Situation-Problème 6 ***Des objets bien curieux***

Structuration	Représentation	Mise en œuvre	**Intégration**	Évaluation

Description

Pourquoi une sphère roule-t-elle mieux qu'un cube ?
Un cylindre mieux qu'un prisme ?
(solides illustrés)
Quel solide laisse toujours la même trace dans le sable, quel que soit le côté qu'on enfonce ?

Caractéristiques de la situation

La situation invite les enfants à décrire les solides et à utiliser correctement les termes géométriques.

Objectifs spécifiques

Observer des solides géométriques.
Décrire des solides géométriques.

Matériel à prévoir

Les solides de base et éventuellement un petit bac de sable ou de la farine sur une feuille noire.

Déroulement

Préparation

- Introduire en ses propres termes le sujet de la situation **sans la dévoiler :** pourquoi une balle roule-t-elle mieux qu'un cube ?
- Demander aux enfants si ils ont déjà vu des balles de formes différentes.
- Faire découvrir l'illustration et laisser les enfants observer la situation-problème selon les principes de la lecture dynamique.
- Demander aux enfants ce qu'ils observent et quel est le problème.
- Faire expliciter les consignes et s'assurer de la compréhension de chacun.

CONSIGNES

1. Pourquoi une sphère roule-t-elle mieux qu'un cube ? Un cylindre mieux qu'un prisme ?
2. Quel solide laisse toujours la même empreinte dans le sable, quel que soit le côté qu'on enfonce ?

DÉPASSEMENT

3. Quelle(s) trace(s) laisse une sphère dans le sable ? et un prisme ? et une pyramide ?

Réalisation

- Consigne 1 et 2. Exploiter la situation individuellement.
- Recherche – Hypothèses – Essais – Tâtonnements à propos de la consigne 1 et 2.
- Mise en commun en petites équipes de 2 ou 3 – Comparaison des hypothèses.
- Relance de la recherche – Hypothèses – Essais.
- Solution – Vérification.
- Mise en commun collective – Justification.

Formalisation

- Synthèse des découvertes sur les solides. Par exemple, prévoir un tableau avec d'une part les solides et d'autre part les empreintes qu'ils laissent dans le sable.

Dépassement

Pour les enfants ayant résolu rapidement le problème (ou pour qui la situation ne pose pas problème), proposer de résoudre la consigne 3.

Piste d'interdisciplinarité

Qui a inventé la roue ? À quelle période ? Trouver toutes ses utilisations au-delà de la roue d'auto, de vélo, de train, ...

ESPACE

Palier 3 Les objets à 2 dimensions

Situation-Problème 1 *Le labyrinthe*

Structuration	Représentation	Mise en œuvre	Intégration	Évaluation

Description

Un labyrinthe un peu spécial.
M. et Mme Courbe-Ouverte sont reliés par une ligne courbe aux Enfants Courbe.
M. et Mme Brisé-Ouvert sont reliés par une ligne brisée aux Enfants Brisé.
M. et Mme Courbe-Fermée sont reliés à eux-mêmes par une ligne du même nom.
Idem pour M. et Mme Brisé-Fermé : ils n'ont pas d'enfants.
Recompose les quatre familles en repassant sur les lignes avec la bonne couleur. La famille Courbe-Ouverte en rouge, la famille Courbe-Fermée en bleu, la famille Brisé-Ouvert en vert et le famille Brisé-Fermé en jaune.
Dessine une ligne courbe, une ligne brisée et une ligne fermée.

Caractéristiques de la situation

Les enfants aiment tracer des lignes dans tous les sens et l'utilisation libre de la latte les attire. La situation vise à explorer et analyser ce monde des lignes par le jeu et le dessin. Différentes caractéristiques d'une ligne apparaîtront : ligne courbe, ligne brisée, ligne fermée, ligne ouverte et toutes les combinaisons possibles de ces différentes lignes.
Dans un premier temps, les enfants recomposeront les « familles » en suivant les tracés du doigt ; dans un deuxième temps, ils seront invités à prendre un peu de distance afin de découvrir le lien entre le nom des « familles » et le nom des lignes.
Pour le tracé des différentes lignes, il faudra prévoir une feuille séparée.

Objectifs spécifiques

Distinguer une ligne ouverte et une ligne fermée, une ligne brisée et une ligne courbe.
Tracer une ligne courbe, une ligne brisée, une ligne ouverte et une ligne fermée.

Matériel à prévoir

Prévoir quatre surligneurs de couleurs différentes pour la clarté du tracé (ou 4 magicolors).

Déroulement

Préparation

- Introduire en ses propres termes le sujet de la situation **sans la dévoiler :** un labyrinthe dessiné.
- Demander aux enfants s'ils ont déjà joué au jeu du labyrinthe dessiné dans lequel il faut trouver qui « va » avec qui. Commentaires.

- Faire découvrir l'illustration et laisser les enfants observer la situation-problème selon les principes de la lecture dynamique.
- Demander aux enfants ce qu'ils observent et quel est le problème.
- Faire expliciter les consignes et s'assurer de la compréhension de chacun.

CONSIGNES

1. Recompose chaque famille.
2. Dessine une ligne courbe, une ligne brisée et une ligne fermée.

DÉPASSEMENT

3. Fais un dessin composé uniquement de lignes brisées et un autre composé uniquement de lignes courbes.

Réalisation

- Consigne 1. Recherche individuelle ; tâtonnements, essais.
- Solution. Vérification.
- Mise en commun par petites équipes de 2 ou 3.
- Consigne 2. Émission d'hypothèses en petites équipes de 2 ou 3.
- Recherche – discussion.
- Mise en commun collective – communication – justification.

Formalisation

Définir les différentes lignes.

- **Ligne brisée :** ligne formée uniquement de segments droits, tracés à la latte.
- **Ligne courbe :** ligne n'ayant aucun segment droit.
- **Ligne fermée :** ligne dont les bouts se rejoignent.
- **Ligne ouverte :** ligne dont les bouts ne se rejoignent pas.

Dépassement

Pour les enfants ayant résolu rapidement le problème (ou pour qui la situation ne pose pas problème), proposer de résoudre la consigne 3.

Piste d'interdisciplinarité

Raconter la légende du fil d'Ariane.

Exercices

Banque d'exercices

A. Exercices « matière »

E3 p. 117 n° 1 à 3

E3.2 ESPACE

Palier 3 Les objets à 2 dimensions

Situation-Problème 2 ***Puzzle***

Structuration	Représentation	Mise en œuvre	Intégration	Évaluation

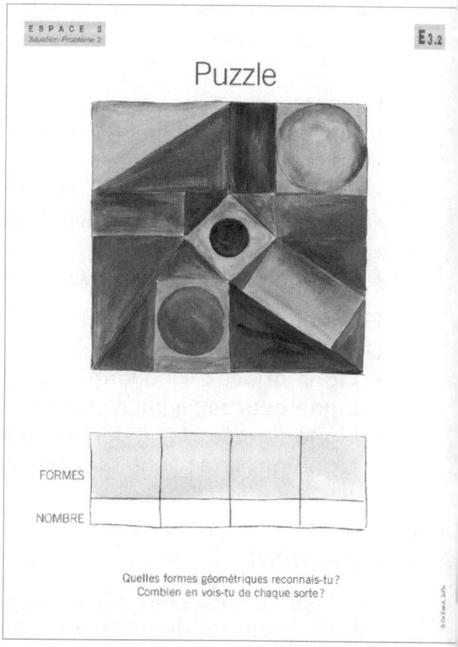

Description

Un puzzle – casse-tête
Dans la forme globale d'un carré, les formes géométriques principales sont inscrites (carré, rectangle, triangle et disque présentés sous tous les angles possibles ; il y en a plusieurs de chaque forme.)
L'enfant compte et remplit un tableau à deux entrées : il dessine les formes reconnues et compte combien il y en a.
Quelles formes géométriques reconnais-tu ?
Combien en vois-tu de chaque forme ?

Caractéristiques de la situation

La situation demande à l'enfant d'identifier et nommer les principales formes : le carré, le rectangle, le triangle et le disque. A ce stade, l'enfant ne maîtrise pas encore complètement le concept définissant précisément ces formes mais, comme ce concept est en formation, il est important de montrer à l'enfant ces formes sous tous leurs angles, c'est-à-dire un carré dessiné sur « sa pointe », un rectangle dessiné « en oblique », ...
De plus, la situation demande aussi à l'enfant de dessiner chaque forme reconnue dans le tableau. Il est évident que la précision du tracé ne sera pas exceptionnelle mais il nous semble important que l'enfant essaie, à main levée, de dessiner ce qu'il a reconnu. Cela lui permettra de prendre conscience d'une manière plus concrète, des particularités de chaque forme.

Objectifs spécifiques

Reconnaître les formes géométriques de base.
Les distinguer.
Dessiner, à main levée, les formes géométriques reconnues.

Matériel à prévoir

Il serait intéressant que l'enfant dispose de deux exemplaires de la situation pour pouvoir colorier les formes au fur et à mesure de leur reconnaissance et de leur inscription du tableau.

Déroulement

Préparation

- Introduire en ses propres termes le sujet de la situation **sans la dévoiler :** un casse-tête géométrique.
- Demander aux enfants s'ils ont déjà fait des « casse-tête » – commentaires.

- Expliquer, si nécessaire, le terme « forme géométrique », forme de base que l'on va étudier en détail.
- Faire découvrir l'illustration et laisser les enfants observer la situation-problème selon les principes de la lecture dynamique.
- Demander aux enfants ce qu'ils observent et quel est le problème.
- Faire expliciter les consignes et s'assurer de la compréhension de chacun.

CONSIGNES

1. Quelles formes géométriques reconnais-tu ?
2. Combien en vois-tu de chaque sorte ? Complète le tableau.

DÉPASSEMENT

3. Découpe toutes les formes non rondes, mélange-les et recompose le puzzle.

Réalisation
- Consigne 1. Recherche individuelle : tâtonnements, essais.
- Solution. Vérification.
- Mise en commun collective. Fixer la terminologie exacte des formes.
- Consigne 2. Recherche individuelle : comptages.
- Mise en commun par petites équipes de 2 ou 3 – discussion.
- Mise en commun collective – communication – justification.
  (en général, ou oublie les formes composées de deux formes : deux triangles qui forment un rectangle, ...)

Formalisation
- Établir un début de carte d'identité du carré, du rectangle, du triangle et du disque.

Dépassement

Pour les enfants ayant résolu rapidement le problème (ou pour qui la situation ne pose pas problème), proposer de résoudre la consigne 3.

Piste d'interdisciplinarité

Jouer avec des puzzles, au tangram.
Jeu de l'espion : communiquer un dessin par téléphone (sans gestes, uniquement la parole) afin que les autres le dessinent.

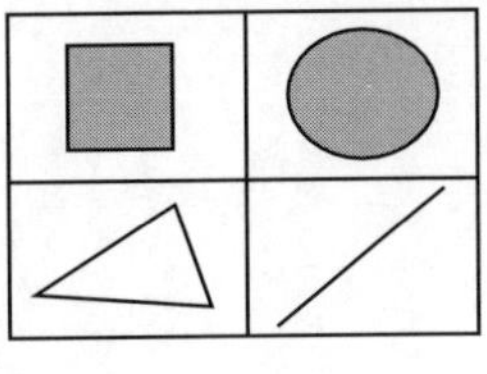

Exercices

Banque d'exercices

A. Exercices « matière »
E3 p. 118 n° 4 à 6

E3.3

ESPACE

Palier 3 Les objets à 2 dimensions

Situation-Problème 3 ***Sherlock Holmes***

Structuration	Représentation	Mise en œuvre	Intégration	Évaluation

Description

Différentes illustrations d'objets du quotidien dans lesquels l'enfant peut reconnaître les formes géométriques de base.
Retrouve les formes de base dans ces dessins et surligne-les.

Caractéristiques de la situation

La situation demande à l'enfant de reconnaître différentes formes géométriques dans son entourage. De plus, il sera amené à les surligner et ainsi faire une première approche d'un tracé plus ou moins précis.
Il est important d'être attentif au fait que ce sont les formes dessinées sur l'illustration que l'enfant devra interpréter et non pas les formes réelles. La reproduction dessinée de solides (3 dimensions) entraîne parfois des déformations ; la balle est illustrée sous la forme d'un disque même si l'on sait qu'il s'agit d'une boule.
Nous nous trouvons ici dans une phase de découverte concrète des surfaces ; il ne s'agit donc pas encore de demander des tracés, des constructions, des définitions de ces formes.

Objectifs spécifiques

Retrouver les formes géométriques de base dans des dessins variés.
Surligner des tracés de formes géométriques.

Matériel à prévoir

Des marqueurs surligneurs fluorescents ou des magicolors.
Éventuellement, une couleur par forme géométrique.

Déroulement

Préparation

- Introduire en ses propres termes le sujet de la situation **sans la dévoiler :** retrouver des formes dans un dessin.
- Demander aux enfants s'ils ont déjà entendu parler du personnage de « Sherlock Holmes », qui était-il ? que faisait-il ? Pourquoi cette situation s'appelle-t-elle ainsi ?.
- Faire découvrir l'illustration et laisser les enfants observer la situation-problème selon les principes de la lecture dynamique.

- Demander aux enfants ce qu'ils observent et quel est le problème.
- Expliquer le terme « surligner ».
- Faire expliciter les consignes et s'assurer de la compréhension de chacun.

CONSIGNES
1. Retrouve et surligne les formes de base qui se trouvent dans ce dessin.
DÉPASSEMENT
2. Découpe des formes de base dans des magasines et compose un dessin à l'aide de ces formes.

Réalisation

- Consigne 1. Recherche individuelle : tâtonnements, essais.
- Solution. Vérification.
- Mise en commun par petites équipes de 2 ou 3 – comparaison.
- Mise en commun collective – discussion – justification.

Formalisation

- Compléter éventuellement les cartes d'identité des formes géométriques de base.

Dépassement

Pour les enfants ayant résolu rapidement le problème (ou pour qui la situation ne pose pas problème), proposer de résoudre la consigne 2.

Piste d'interdisciplinarité

Recherche sur l'identité de Sherlock Holmes. Éventuellement, lecture d'un passage compréhensible d'un épisode de Sherlock Holmes.

Exercices

Banque d'exercices

A. Exercices « matière »

E3 p. 119 n° 7 à 9

E3.4

ESPACE

Palier 3 Les objets à 2 dimensions

Situation-Problème 4 ***Un point c'est tout***

Structuration	**Représentation**	Mise en œuvre	Intégration	Évaluation

Description

Différents points sont alignés. À l'aide des points, trace un triangle, un carré et un rectangle.

ESPACE 3
Situation-Problème 4
E3.4
Un point c'est tout
À l'aide des points, trace un triangle, un carré et un rectangle.

Caractéristiques de la situation

La situation invite l'enfant à tracer des formes géométriques simples en s'aidant de points alignés. La manipulation de la latte demandera un peu d'entraînement préalable à la réalisation de la tâche. Si le travail se révèle trop difficile pour l'enfant, on peut lui proposer de réaliser la tâche à main levée.
Il ne s'agit pas d'exiger une précision impossible à cet âge mais de préparer les enfants à ce type d'activité.
Le fait d'avoir trois formes à représenter sur une seule trame, permettra des résolutions très différentes. Les uns dessineront les formes les unes à côté des autres, les autres superposeront les formes ou les représenteront incluses les unes dans les autres, ...

Objectifs spécifiques

Tracer des formes géométriques simples.

Matériel à prévoir

Une latte pour chaque enfant.

Déroulement

Préparation

- Introduire en ses propres termes le sujet de la situation **sans la dévoiler :** tracer des formes géométriques tout seul.
- Demander aux enfants quel(s) problème(s) ils ont déjà rencontré(s) en utilisant une latte.
- Faire découvrir l'illustration et laisser les enfants observer la situation-problème selon les principes de la lecture dynamique.
- Demander aux enfants ce qu'ils observent et quel est le problème.
- Expérimenter l'utilisation de la latte.
- Faire expliciter les consignes et s'assurer de la compréhension de chacun.

CONSIGNES

1. Trace un carré, un triangle et un rectangle à l'aide des points.

DÉPASSEMENT

2. Sur une feuille blanche, trace ces mêmes formes.

Réalisation
- Consigne 1. Recherche individuelle : tâtonnements, essais.
- Mise en commun des tracés et commentaires sur les caractéristiques de chaque forme et leurs difficultés spécifiques rencontrées.

Formalisation
- Compléter les cartes d'identité des formes géométriques de base.
- Prendre conscience de la difficulté de la précision d'un tracé.

Dépassement

Pour les enfants ayant résolu rapidement le problème (ou pour qui la situation ne pose pas problème), proposer de résoudre la consigne 2.

Piste d'interdisciplinarité

S'exercer à utiliser la latte : tracer des marges, souligner les titres, ...
Utiliser un géoplan avec des élastiques.

Exercices

Banque d'exercices

A. Exercices « matière »
E3 p. 120 n° 10 à 12

ESPACE

Palier 3 Les objets à 2 dimensions

Situation-Problème 5 ***Composition***

Structuration	Représentation	**Mise en œuvre**	Intégration	Évaluation

Description

A l'aide des 10 petits carrés, compose un carré, un rectangle et un triangle.
Fais de même avec les triangles.

Caractéristiques de la situation

L'enfant sera ici confronté d'une part à la construction de formes géométriques par la composition et d'autre part à un problème insoluble : en effet, comment composer un triangle à l'aide de carrés ? Il se rendra ainsi compte de la même façon que plusieurs solutions peuvent coexister ; qu'à d'autres moments, aucune solution n'est possible.

Objectifs spécifiques

Composer des formes géométriques simples.
Manipuler des formes géométriques simples.

Matériel à prévoir

Prévoir une feuille sur laquelle 10 petits carrés et 10 petits triangles seront tracés – dessins à découper et une feuille pour coller les réalisations.
Ciseaux, colle.

Déroulement

Préparation

- Introduire en ses propres termes le sujet de la situation **sans la dévoiler :** composer une forme à l'aide de petites mosaïques.
- Demander aux enfants si ils ont déjà réalisé et/ou observé des dessins en mosaïques. Commentaires.
- Faire découvrir l'illustration et laisser les enfants observer la situation-problème selon les principes de la lecture dynamique.
- Demander aux enfants ce qu'ils observent et quel est le problème.
- Faire expliciter les consignes et s'assurer de la compréhension de chacun.

CONSIGNES

1. Compose un carré, un rectangle et un triangle à l'aide des petits carrés.
2. Compose un carré, un rectangle et un triangle à l'aide des petits triangles.

DÉPASSEMENT

3. Compose le plus grand carré possible en utilisant les petits carrés et les petits triangles.

Réalisation

- Consigne 1. Exploiter la situation individuellement.
- Encourager le recours au matériel concret. Découper et manipuler les petits carrés avant de les coller ou employer des gommettes carrées.
- Recherche individuelle : manipulations, tâtonnements, essais.
- Mise en commun à deux – comparaison.
- Relance de la recherche.
- Mise en commun collective – discussion.
- Consigne 2. Même déroulement.

Formalisation

- Compléter les cartes d'identité des formes géométriques de base avec les caractéristiques observées grâce à la situation.
- Discuter de l'existence de problèmes insolubles.

Dépassement

Pour les enfants ayant résolu rapidement le problème (ou pour qui la situation ne pose pas problème), proposer de résoudre la consigne 3.

Piste d'interdisciplinarité

Bricolages : réaliser une mosaïque avec des petites gommettes à coller sur une forme dessinée ; réaliser une forme libre avec des gommettes à coller, ...

Exercices

Banque d'exercices

A. Exercices « matière »

E3 p. 121 n° 13 à 15

E3.6 ESPACE

Palier 6 Les objets à 2 dimensions

Situation-Problème 3 ***Les gros et les allongés***

Structuration	Représentation	Mise en œuvre	**Intégration**	Évaluation

Description

Observe un carré, un rectangle.
Combien de côtés ont-ils ?
Combien de faces ont-ils ?
Observe un cube, un prisme droit (solides illustrés).
Combien de côtés ont-ils ?
Combien de faces ont-ils ?
Comment est-ce possible ?

Caractéristiques de la situation

L'enfant est ici aux prises avec les dimensions : 2 dimensions, 3 dimensions, quelles différences ? Cette interrogation lui permettra de faire une synthèse des découvertes qu'il a réalisées au cours des dernières situations-problèmes.
La situation permettra aussi de préciser le vocabulaire : un solide est délimité par des faces de formes différentes ; une surface est délimitée par des côtés.

Objectifs spécifiques

Distinguer les solides et les surfaces géométriques.
Distinguer les termes « face » et « côté ».

Matériel à prévoir

Prévoir des solides à manipuler, des boîtes d'emballage ainsi qu' un carré et un rectangle à découper.
Ciseaux, colle.

Déroulement

Préparation

- Introduire en ses propres termes le sujet de la situation **sans la dévoiler :** Y a-t-il une différence entre une forme géométrique et un solide géométrique ?
- Demander aux enfants s'ls ont déjà observé des différences. Lesquelles ?
- Faire découvrir l'illustration et laisser les enfants observer la situation-problème selon les principes de la lecture dynamique.
- Demander aux enfants ce qu'ils observent et quel est le problème.
- Faire expliciter les consignes et s'assurer de la compréhension de chacun.

CONSIGNES

1. Observe le carré, le rectangle. Combien de côtés ont-ils ? Combien de faces ont-ils ?
2. Observe le cube, le prisme droit. Combien de côtés ont-ils ? Combien de faces ont-ils ?

DÉPASSEMENT

3. Observe un disque, une balle, combien de côtés ont-ils ? Combien de faces ont-ils ?

Réalisation

- Consigne 1. Exploiter la situation en petites équipes de 2 ou 3.
- Emission d'hypothèses – recherche – tâtonnement.
- Encourager le recours au matériel concret.
- Solution – vérification.
- Consigne 2. Exploiter la situation en petites équipes de 2 ou 3.
- Emission d'hypothèses – recherche – tâtonnement.
- Encourager le recours au matériel concret.
- Solution – vérification.
- Mise en commun collective – discussion – justification.

Formalisation

- Discuter des différences entre 2 et 3 dimensions ainsi que du rôle de la perception visuelle dans ces différences.

Dépassement

Pour les enfants ayant résolu rapidement le problème (ou pour qui la situation ne pose pas problème), proposer de résoudre la consigne 3.

Exercices

Banque d'exercices

A. Exercices « matière »

E3 p. 122 n° 16 à 18

Table des matières